U0160764

趣味航空学

[俄] 康·叶·魏格林　著
王梓　译

中国青年出版社

图书在版编目（CIP）数据

趣味航空学 / （俄罗斯）康·叶·魏格林著；王梓译 . -- 北京：中国青年出版社，2023.2

　（趣味科学新编）

　ISBN 978-7-5153-6852-8

Ⅰ.①趣… Ⅱ.①康… ②王… Ⅲ.①航空学—青少年读物 Ⅳ.① V2-49

中国版本图书馆 CIP 数据核字（2022）第 250365 号

责任编辑：彭岩
出版发行：中国青年出版社
社　　址：北京市东城区东四十二条 21 号
网　　址：www.cyp.com.cn
编辑中心：010 - 57350407
营销中心：010 - 57350370
经　　销：新华书店
印　　刷：三河市君旺印务有限公司
规　　格：660mm×970mm　1/16
印　　张：17.25
字　　数：160 千字
版　　次：2023 年 2 月北京第 1 版
印　　次：2023 年 2 月河北第 1 次印刷
定　　价：45.00 元

目录

第一版前言

"趣味科学"系列已经出了几本极其有趣的作品,而本书在其中的位置想必也是有些特殊的。

本书所说的"航空"指的是人类在机械飞行领域取得的所有成就,作者在书中给自己设定的任务是:对该领域某些问题的本质进行阐述,还要采取通俗易懂又尽可能吸引人的方式。要理解飞行的一般性问题和飞机飞行的环境,就不能不先了解大气及其性质。因此我们先从大气开始,然后简要介绍航空学(确切地说是航空方法)的发展,一直讲到最早的实用飞机的发明:这样一来,我们就很好地回答了"为什么是这样而不是那样?""要是用另一种方法不是更好吗?"这类为数众多而又无法回避的问题,让初学者对航空有了初步的认识。在第三章中,我们描述了现代飞机的飞行和操纵方式,讨论了飞机的实际情况和给人的感受,以及飞行给人留下的种种印象和体验。最后两章介绍了一些"自己动手"的方法,从最简单的纸航空开始讲到手工飞机,每位爱好者都能在其中体验到航空实践的益处和乐趣，而又无须亲自上天飞行。

　　尽管本书的篇幅非常有限，但作者还是认为必须从最基本的知识入手，同时尽可能保持叙述的系统性，因为这些问题在学校里是不会讲的，对很多读者来说无疑是全新的知识。这一点或许正是本书与其他《趣味科学》作品的主要区别。不过，作者希望这是唯一的区别：考虑到该系列早已深受读者欢迎，若本书在其他方面也能保持该系列的特色，那就再好不过了。

K.B. 魏格林

1928 年 6 月

第二版前言

之所以要写这个"第二版前言",主要是因为作者阅读了之前的一些书评,发现这些评论并未理解第一版前言的实质。在第一版前言中,作者已经清楚地说明了自己对书中首先要写的内容的看法,并明确指出这些内容绝没有穷尽《趣味航空学》这个标题所囊括的全部主题。书中还有许多并未涉及的问题,如1909年之后航空学的发展、现代航空的物质基础和理论基础,以及航空学的各种应用——作者打算将其作为续作的内容,相信这部续作很快就会问世。

第二版相比第一版只修改了少许印刷错误,并增加了一些新的插图。

K.B. 魏格林

1929 年 12 月,列宁格勒

第一章　大气中的趣事

——

　　"用站在地上的印象看空气，无异于用浮在水面的印象看海洋。"

Д.И. 门捷列夫 [①]

——————————

① 　德米特里·伊万诺维奇·门捷列夫（1834～1907），俄罗斯著名化学家，元素周期表的发现者。

空气与真空

地球上的人要活下来，最需要的东西是什么呢？

人类的生活条件复杂多样，我们知道有人生活在水上或地下的例子。我们知道，有的民族全体生活在阴暗寒冷的地方，一年中多数时候都感受不到阳光和温暖……可就连这么恶劣的环境，人同样适应了过来。

可是，人没了空气还能活吗？人能长期或永久适应没有空气的生活吗？也许有人曾出于迫不得已去适应这种环境。但时至今日，人类已经度过了成千上万年的岁月，却没有离开空气还能活的例子，过去没有，现在没有，以后也不会有。空气是不可或缺的，就像……空气那样不可或缺：难怪人们用这句俗语来形容极为迫切的需要呢[1]。

既然空气这么重要，那我们对它是否有了应有的认识呢？不，我们对空气的了解还不是很多，对全球的大气层知晓得就更少了。为什么呢？因为对这种自然力的认识直到18世纪末才随着自然科学的发展而起步，至于利用科技来开发大气的实践就更晚了，足足要等到20世纪初。

① 俄语俗语："像空气一样不可或缺。"

不错，早在公元前好几个世纪，古希腊的学者们就提出，大气是地球上的生命的基本元素，大气的凝聚形成了火、水和土（这是哲学家阿那克西美尼[①]和阿那克西曼德[②]的观点）。另有两位年代稍晚（公元前 5 世纪）的希腊哲学家甚至用非常简单的实验证明了，空气并不像表面上看的那样空无一物。

你不妨自己做几个简单的实验。一头封闭的管子里紧紧安着活塞，用力按压活塞，你会发现手的压力越大，活塞的弹力就越强——这说明管子里确实有什么东西（阿那克萨戈拉[③]的实验）。将底朝上的杯子或瓶子迅速浸入水中，你会发现这"空空如也"的容器里并不会进水，或者只进了很少的水：这就说明，所谓"空空如也"只是表面现象，里头其实是被某种东西占据了的（恩培多克勒[④]的实验）。

可是，尽管人们已经清楚感受到了这"某种东西"，后来却没有继续研究下去。当时的科学过于依赖抽象的讨论

① 阿那克西美尼（约前6世纪下半叶），古希腊哲学家，早期唯物主义者。
② 阿那克西曼德（约前610～前546），古希腊哲学家，早期唯物主义者。
③ 阿那克萨戈拉（前6世纪），古希腊哲学家，早期唯物主义者。
④ 恩培多克勒（约前490～约前430），古希腊哲学家、医学家，早期唯物主义者。

和推理，很少使用实验方法，常做的实验也是出于玄学的目的（比如寻找炼金术之类的奥秘）。机智的古希腊人直到两千多年后才有了合格的后继者，来接手他们当年研究空气的实验，这在今天看来真是太匪夷所思了！春去秋来，寒来暑往，大地上的人们就这样见证了两千多次的四季变更。日月经天，繁星无数，一些饱学之士也悟出了其中的奥秘。可关于生活中无处不在、包含一切、滋养着我们的血液的空气，两千多年的岁月竟没能带来什么新的知识。只有天才伽利略并不轻视对空气的研究，他不仅在力学上做出了许多伟大的发现，还为空气的问题增添了新的知识。既然空气不是虚空，它就该有自身的重量；要想对空气有个初步的认识，好歹得先给它称称重吧。伽利略正是给空气称了重：首先把空瓶放在寒冷的环境下称重，然后通过猛烈加热让部分空气膨胀逸出，再称一次重（这是 17 世纪初的实验）。不出伽利略所料，瓶子的重量发生了变化：这个变化的量就确定了空气的重量（当然，这样的结果是不怎么精确的）。

另一位学者更直观地区分了"空气"与"真空"的概念，他便是伽利略的学生及其在佛罗伦萨^①学院的后继

---

① 意大利中部城市。

者——著名的物理学家托里拆利。把气压计的玻璃管口朝下浸入水银，管子里的水银柱升到760毫米便不再上升，剩下的空间里是没有空气的（见图1-1）。这就说明，地球上无所不在、无孔不入的空气，依然可以从空间中分离开来。

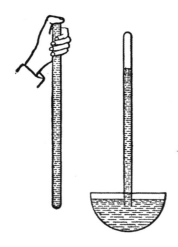

图1-1　托里拆利真空。

稍晚些时候，有"德国的伽利略"之称的学者奥托·格里克做了个极为精妙的实验。格里克曾任马德堡[①]的市长35年之久。他做了两个直径约40厘米的、一模一样的铜质半球，将它们的开口拼在一起，并在接合处的外缘绕上一道皮带，皮带上浸透了防止空气通过的溶液，这样便合成了一个铜球。然后，他用自己发明的气泵透过龙

——————
① 德国北部城市。

头把铜球里的空气全抽出来，两个半球便紧紧地贴在一起；人们找来了足足十六匹马，每八匹拉住一个半球，又叫最能干的马夫赶了好久，才把两个半球生生地拉开！铜球分开时还发出一声震耳欲聋的巨响，仿佛是有人放了一枪。而要是拧开铜球上的龙头，让空气慢慢流进无空气的铜球内部，便能不费吹灰之力把它掰成两半儿。"马德堡半球实验"（实验时间为 1654 年，见图 1–2）不仅证明有空气与无空气的空间之间存在不同，还表明大气具有极其强大的力量，仅靠自身的重量（压力）就能从外侧合住两个毫无联系的物体，不让它们分离开来。

由此看来，直到 17 世纪中期，空气的两项基本属性——重量和压力才得到了人们的认识。之后又过了一百多年，人们才开始对气体[1]的基本属性进行仔细的研究，而直到 18 世纪末，孟格菲兄弟[2]和物理学家夏尔[3]的氢气球问世之后，人们才初步对大气有了整体的认识。

---

[1] "气体"这个术语是由托里拆利和格里克的同时代人、荷兰哲学家兼炼金术士范·海尔蒙特发明的（源自"混沌"一词）。——原注

[2] 约瑟夫·米歇尔·孟格菲（1740~1810）和雅克·埃蒂安·孟格菲（1745~1799），法国发明家，较早的热气球研究者之一。

[3] 指夏尔·奥古斯腾·德·库龙（1736~1806），法国工程师、物理学家。

在大气的底部

"我们生活在大气海洋的底部。"这一说最早出自托里拆利,他是想强调大气与水的区别。在海洋和其他的水体中,我们通常是在水的表面活动;就大气而言,我们的生活是在它的最低处也就是底部进行的。只有离开这个底部,漫游于气流之中,我们才能了解大气的各个层面。可要想在大气的表面遨游(如果可以说大气有表面的话),我们离这个目标还差得远哩。

正因为如此,我们必须牢记:我们头顶上的空气始终在压着我们,也压着地球表面上的所有物体。这个压力绝没有表面上看起来的那么小。还是说回托里拆利,他直接证明了需要 760 毫米高的水银柱或约 10.5 米高的水柱(水银的重量[①]是水的几倍,水的量就是水银的几倍,也就是 13.6 倍)的重量才能平衡掉正常的大气压。换句话说,1 平方米上的气压约为 10.5 吨(也就是 10.5 立方米的水或 0.76 立方米的水银的重量);1 平方厘米上的气压约为 1000 克。

有些从未思考过这类现象的读者可能要问了:难道我

———————————

① 严格来说,此处指的是"密度"。下文也有类似的地方。

图1-2 马德堡半球实验。摘自格里克的著作。

们身边的东西都从空气那儿承受着如此之大的压力吗？按上面的说法举些例子，一张桌子的桌面始终承受着 1.5 吨的压力，一张吃饭用的碟子要承受 400 千克的压力，躺着的人的身体要承受 5 吨左右的压力？这么大的压力，脆弱的物体和人体又怎能经受得住呢？为什么大大小小的盒子不会被空气压扁，屋顶在空气的压力下也安然无恙，可仅仅 1 米左右的积雪就时常能把屋顶压塌呀？

这些貌似不合理的情况其实很好解释。根据物理定律，空气和其他液体及气体一样，是以相同的力量从所有方向压迫着其中的物体的（前提是在距离空气表面相同的深度，或者简单点说，在距离空气底部相同的高度）。不论是椅子面还是窗玻璃，是屋顶还是墙壁，大气都不可能只从一个方向施加压力，而每个方向的压力都会抵消掉对向的压力。而且我们知道，空气是无孔不入的，它能在空洞的物体内部产生相当于外压的压力（比方说我们的体内以及动物的体内）。正是由于上述缘故，尽管我们身边的一切都浸没在大气里，却感受不到它那庞大的压力。

然而，只要消除空腔内的气压，哪怕只是减少一点儿，就跟"马德堡半球"的情况一样（或者保持内部气压不变，通过某种方式加大外部的气压），前面说到的平衡就被破坏了，且立刻会显现出后果。要是从密闭的薄壁盒子里抽出少许空气，令其中形成负压，外头的空气就会把它压扁。在使用喷雾器时，喷头从水平方向放出气流，使得内部的压力减少，液面便会在大气的压力下，沿着喷雾器内部的垂直管道上升。乘坐航空器的人飞到一定的高度就会觉得有些不舒服，这是因为他体内的压力没有变化，外头的压力却会变小：要是不制止气压的失衡，人体内的血液就会被压出血管，从鼻孔、耳孔乃至喉咙中喷涌而出（当然，这种情况也有别的原因）。

是水多，还是空气多？

很久之前，就有人估算过地球上水的数量了。据推测，水占了地球表面的四分之三左右（确切地说是 72%），这些水体的总量约为 12 亿立方千米。按重量算的话，这些水差不多有 12000000000 亿吨。

这么庞大的数字自然是很难具体感受的。为了方便起见，我们还是用相对值来衡量水的数量吧。举例来说，我们先来确定 1 平方米的地表能摊上多大体积和多大重量的水。设想把所有的水均匀地倒在地表上，便能形成一个厚约 2.33 千米的水壳（地球的表面积约为 5.1 亿平方千米，用水的总量——12 亿立方千米除以这个数字便是了）。这样算下来，1 平方米的地面大约能摊上 2350 吨的水。

我们同样能针对大气的重量算出类似的数据。大气的最高层是不可知的，因为大气与无空气的空间之间根本没法划界（就连在高达数百千米的地方也能找到大气的痕迹，尽管那儿的大气成分已经与底部的不同了）。尽管如此，大气的重量还是非常清楚的。由气压计上的数据可知，大气对地面的压力约为每平方米 10.5 吨。跟全部水的数据比一下，我们便不得不承认，空气的重量大约只有水的 1/225（2350 ∶ 10.5）。这也没什么好奇怪的，毕竟水的重量是空气的 775 倍。

我们不了解大气的上限在哪儿，也就不可能准确地算出空气与水的体积之比。不过，靠着重量上的数据，我们也能做一个假定的比较。假设 1 立方米空气重约 1.29 千克（760 毫米汞柱与 0℃ 的条件下），再假设大气的密度均一，那么其底部任意一块地方上的空气柱便可以看作一团密度均匀的空气（与大气最底端的情况一样），其高度相当于 1 立方米的空气柱的重量（每平方米 10500 千克）除以 1.29 千克得出的商。换句话说，假如整个大气的密度都是均一的，那么它的高度该有 10500 ∶ 1.29 ＝ 8140 米，粗略地说

就是 8 千米（见图 1-3）。把这个数字同均匀倒在整个地球
上的水层的厚度做个比较，我们便能得出结论：即使是在
假设的条件下，大气的体积也差不多有全球各大洋外加所
有水体的体积的 3.5 倍（8140：2350）。

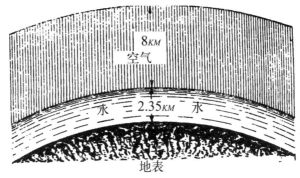

图1-3　假设地球是一个理想状态的球体，大气在0℃
下保持均匀的密度，且与地表附近的大气密度相等，
则水和空气的比例关系大致就是图上的样子。

大气虽然重量上不如水体，体积上却远远超过了后者。
要是考虑到空气越往上就越稀薄，二者的真实差距还要比
上面算出的大好多倍呢。

靠重量或声音测量高度

在上一节中，气压计量出的大气压力帮我们算出了空
气的重量。而这项属性还能帮我们大致算出大气的深度。

既然气压取决于离地面的高度（确切地说是离海平面的高度），那么反过来说，也可以根据气压来确定高度。但是液态的水银气压计用起来既不方便又很笨重，在空中飞行的过程中尤其麻烦。因此，人们在实践中往往用另一种特殊的气压计来代替水银气压计，称为膜盒气压计。

想象有一个密闭的薄壁金属盒，里面形成了局部的真空环境，也就是说从中抽出了部分空气。它的形状就像一个低矮的圆柱体或一条盘卷的管子，上面连着装有指示器或指针的表盘。当外部压力增加的时候，盒子会收缩，指针便朝一边偏转。当外部压力减少的时候，盒子会略微膨胀，指针便朝反方向偏转。

这样一来，膜盒气压计就像个挂着货物的弹簧秤，称出了空气柱的重量。而它的指针非常忠实地指示着气压的变化，反映在水银柱的毫米刻度上。要是我们在长指针的末端装个笔尖，再给不断旋转的滚筒包张格子纸，令笔尖在纸上划过，便能将气压的变化以图像形式记录下来（图1-4）。这种仪器叫作气压自记仪，它不仅能测量气压，还能记录温度。它画下的曲线，也就是气压图能记录下任意时刻的气压变化，因为滚筒靠钟表机构驱动，横轴上的读数便能给出相当准确的时间。

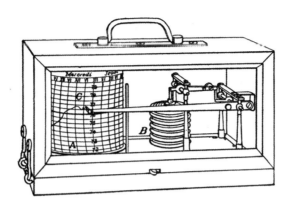

图1-4 气压自记仪。中间是抽掉空气的三层
小盒子。左边是一个由钟表机构带动旋转的
大型半滚筒，上面包着纸张；长指针的轴固
定在右边的支柱上，左边的指针尖端在纸上
画出曲线。

　　要准确算出高度，就得用特殊的表格来调整膜盒气压
计与气压自记仪的记录，并根据温度和湿度等因素对结果
进行各种修正。不过，如果只是要大致估计，我们只需在
气压计的表盘上加个高度的刻度，分别对应上不同的气压
就行了，比方说每 50 ～ 100 米对应一个气压。这种能直接
指示高度的仪器叫作高度计。然而，由于地表附近的气压
总是在变，所以必须把高度量标与气压量标分离开来，方
法是给高度量标设一个旋转装置，使它的零刻度总是能对
上气压量标的刻度，不管地表附近的气压是多少。

　　高度计是一切飞行器和航班上首要的基本测量和导航
仪器。如果同海上航行做个比较，我们大概可以把这个仪器比作测量深度的链锤——从本质上说该是如此。但你可别忘了一件糟糕的事：高度计测量的只是相对高度，也就是以它的指针与零刻度重合时的高度（通常就是起飞地的高度）为基准进行测量。如果是在平原上飞行，这倒没什么大不了的（气压不变或者说可忽略气压的影响）。可要是在丘陵或山区飞行，这一点就可能造成严重的后果。因为在这些地方，高度计的指数依然忠实地保持在 1000～1500 米，而这是相对起飞地点的高度，并不是相对地面的高度……万一又遭遇了雾或进了云层，飞行员就很容易驾机撞到山上。得有另一个真正好用的测深锤，它必须能测量出每个时刻飞行器距离地面的高度。

在这种情况下，气压计明显就不合适了。需要采用另外的原则。举个例子，如今已在仿照船上的回声定位仪，研制飞行器使用的声学测高仪。它确定当前时刻的深度或高度的原理是这样的：仪器释放出一阵尖锐的信号音（跟枪声差不多），然后测量回声从"底部"返回飞行器所需的时间。测出了准确的返回时间，结合声音在大气中的传播速度（每秒 330 米）和飞行器本身的速度，导航员便能无视起飞点和气压变化的影响，确定飞行器距离地面的绝对高度。

声学测高仪早在 1929 年就投入使用，被安装在跨洋远航和做陆地飞行的齐柏林飞艇上。

离太阳越近 温度就越低

太阳是地上所有生命的主宰，自然也在大气的各种现象中扮演极其重要的角色。气体的基本属性中除了无孔不入、弹性超强之外，还有一个非常典型的特点，那就是热胀冷缩。大气中温度的变化也会引发气压的变化，进而导致气流的形成，再加上蒸发的作用，反映为云朵形成和大气降水等多种多样的自然现象。

很多人都有这样的想法：大气的上层比"底层"更靠近太阳，那么上层应该比下层更暖和。冷空气比热空气重的现象也印证了这一点：前者往地面降，后者朝天上升。听起来很合逻辑、很有说服力是吧？可又有谁没听说过：山上通常比谷底冷，且随着海拔的上升，温度也变得越来越低？到底要怎么解释这种分歧呢？

答案非常简单。

大气的上方始终空无一物，没有屏障去遮挡太阳，但它本身并不直接吸收太阳光的能量，而是让太阳光长驱直入。地球的表面却从太阳光中吸收了许多热量，再把自身的热量反射给大气；这样一来就很清楚了，下层受到的反射加热更强，上层则较弱。所以说，大气的受热并不是自上而下，而是自下而上进行的，与表面上的印象完全不同。

在大气的"底部"，坚硬的地表白天从太阳受热，平均升温 10℃～ 40℃（具体取决于当地的纬度和季节）。一部分热量会进入大气，且不仅白天如此，夜间散热时同样会发生。但空气是热的不良导体，要是单靠热传导的话，夜间散热的地球顶多只能加热最靠近地面的 3～ 4 米厚的空气层。然而，直到 500～ 600 米乃至 1000 米左右的高度，都能观察到地表对空气的加热作用（在 1000 多米的高度，昼夜的温差有时只有 2℃）。其实这是一种叫作"对流"的现象在起作用：由于底部受热而产生的热空气确实会上升，这股气流在午后特别强大，升到空中后便会扩大大气底部的温暖区域，并与下降的冷空气粒子形成持续的交换。

问题就在这里。冷空气当然会降到"底部"，但并不是从大气的顶端降下来，而是从与地表直接相邻的近处来的。到了下面的冷空气很快被地表加热，自然也就不冷了。而大气那寒冷的高处呢，尽管离太阳更近点（从整个星球的范围看，近的这点距离根本不足挂齿），本身却吸收不到半点热量，加上空气稀薄、离地太远，难以接受地表的有利影响，也就一直都是冷冰冰的了。

根据太阳在大气活动中的这种作用，可以把大气划分为两个基本区域：①对流层——存在对流现象的下层，其

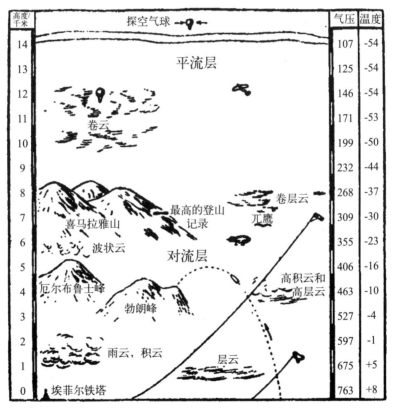

图1-5 大气中的一些现象和人类活动。
云层之上的高处，也就是平流层的底层只有某些创下纪录的热气球和飞机才抵达过。—飞艇和风筝的最高纪录为6~7千米；这个高度也是鸟类飞行（兀鹰）和人类登山的极限。—离地最近的部分（1~2千米）产生了我们所司空见惯的云朵。—右侧的两个柱子：①气压（单位：毫米汞柱）；②平均温度（单位：摄氏度）。

上限为 10000 ～ 12000 米；②平流层——大气的上层，它与下层的关系就好比黄油浮在水里。

对流层的平均温度从"底部"往上递减，大约是每"深"100 米就下降 0.5℃；起初下降得比较慢，超过 5000 米后就变快了。由于这个区域距地表很近，环境非常复杂，便产生了断断续续地吹向四面八方的风，还有发挥着重要作用的复杂的云层构造。

平流层的性质则恰好相反。那里的温度基本固定在 −60℃ ～ −50℃的范围内（取决于纬度和季节）。那里的风尽管很强，但胜在非常稳定，且永远沿水平方向吹动。那里没有云朵和大气降水。这岂不是非常理想的度假胜地么：有清新而干燥的空气，有永远万里无云的天空，还有光芒四射的太阳。美中不足的是太冷了……

从地面反射的太阳热能作用于大气，便产生了上述的两层划分。平流层空气的最大密度仅有"底部"正常密度的 14% ～ 17%，目前人们只有在通信上才会想到这一层的作用。其实，空气稀薄的环境还能创造出超高的飞行速度——据推测可达每小时 600 千米；若能善加利用，稳定的风向也能节约飞行的成本和时间（为此只需保护客舱免受寒冷和空气不足的威胁）。而对流层尽管风起云涌，其下半部目前仍是空中交通和飞行器活动的主要舞台。最靠近地面的、高 600 ～ 800 米的一层，也是最不平静的一层。这一层受"底部"的有害影响特别严重，且由于吸引力的存在而显得十分危险。因此，一般的航空活动都是在这个高度范围以外进行的：在那之上才有"开阔的海洋"，其中的"航船"也能稍稍避开地表的纷扰不安。

风速与风量

自古以来，人们就用"风速"来形容特别快的速度。的确，与大气的运动速度一比，地上几乎一切运动速度都相形见绌，而洋流的速度简直就是闲庭信步——只有风速的 1/15 ～ 1/10。这也就是为什么人类的空中交通一直迟迟无法开展，直到发明了轻便的发动机，其螺旋推动力至少得能克服中等的风力，航空才得以实现。而直到今天为止，风依然在航空活动中扮演着重要的角色，原因嘛……举个例子，某些飓风的速度比现代的中型飞机的速度还要快呢。

可是，我们要怎么看各种风的力度呢？要怎么测量，又用什么手段来测量风力呢？

海员们一般用等级体系来衡量风力；最有名的是蒲福的

风力等级；这个体系中的 0 级相当于平静无风，3 ～ 4 级是中等强度的风，8 ～ 12 级是暴风、狂风和各种类型的飓风。飞行员们则采用气象学中的一个古老方法，也就是用风的秒速度来衡量风力。"风速每秒 5 米"或"每秒 10 米"之类的表达，就等于是说：把一片绒毛放进这样的风里，它在 1 秒内能飞过 5 ～ 10 米的距离（简写为米 / 秒，即 m/s）。最简单的风向标不仅能指示风的方向，往往还能根据铰接活叶的偏转程度来衡量风力（见图 1-6）。不过，我们自然也有更精确的仪器，也就是所谓"风速计"；风速计上有一根轴，周围连着碗状或螺旋状的叶片，在风的吹动下会发生旋转，

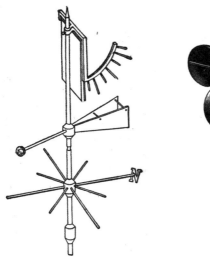

图1-6　最简单的指示风力和风向的仪器：风向标与维尔德板。

图1-7　带计数器的四叶碗状叶式风速计（风速-转数计）。计数器上有计时用的秒表，根据叶片在一定时间内的转数即可确定风速（m/s）。

它便靠这个转速来确定风速的大小（图 1-7）。

这种风速测量法用在导航中有个好处，那就是更容易确定飞行器在刮风天的实际航速。举例来说，假如飞机在 7 ～ 8m/s 的风速中逆风而行，飞机本身的速度约为 50m/s，则（相对于地面的）实际航速约为 42 ～ 43m/s。

下页的表是衡量不同强度的风的分级风标，还说明了每种风的典型特征。很明显，要把 m/s 换算成千米 / 时（km/h），就应该先乘以 60×60 再除以 1000。换句话说，1m/s ＝ 3.6km/h。为了方便起见，我们可以把 m/s 数乘以 4，再把得到的结果减去 10%（因为 3.6 ＝ 4-0.4）。要是想换算成里 / 时（mi/h）的话，只需把 m/s 数乘以 2（因为 m/s 换算成 km/h 要乘以 3.6，而 1 千米大约是 1 里的 1.8 倍，用 3.6 除以 1.8 便约等于 2）。可见，14m/s 的强风的风速约为 50.4km/h（$14 \times 4-14 \times 4 \times 10\%$）或 28mi/h（$14 \times 2$）。

除了线性测量之外，风还可以"称重"——尽管这听起来十分古怪。找一块面积 1 平方米的板子，正对着风向立起，便能确定这阵风对板子的压力。物理的基本定律告诉我们：空气阻力与速度的平方成正比；举例来说，如果速度增加到 2 倍、3 倍和 5 倍，空气阻力就相应增加到 4 倍、9 倍和 25 倍。这一点也适用于风压。由表格可见，当风速

蒲福风级	名称	风速		特征	风压 kg/m²
		m/s	km/h		
0	无风	—	—	烟垂直向上飘	—
1	软风	1.5	5.4	旗帜微微飘动	0.3
2	轻风	3	10.8	叶子轻轻摇晃	1.2
3	微风	5	18.0	树冠和树枝轻轻摇晃	3.5
4	和风	7	25.2		6.5
5	清风	9	32.4	小树摇晃并弯曲	10.0
6	强风	11	43.2		—
7	疾风	13	46.8	大树摇晃并弯曲	22.0
8	大风	15	54.0		30.0
9	烈风	18	64.8	树木被吹折	42.0
10	暴风	21	75.6	重物被吹动	59.0
11	狂风	25	90.0	对地面造成不同程度的严重损害	76.0
12	飓风	30	108.0		120.0
—	龙卷风	50	180.0		304.0

注：蒲福风标与风速之间的关系也有别的版本。

达到 19 ～ 20m/s 时就能产生极其强大的风压了。强度更高的风便能对人施加数十千克的力，足以把人生生吹倒在地，这也是毫不奇怪的（请记住，迎风或背风而立的人的受风面积约为 0.75 平方米）。

是谁破坏了好天气？

对气象学的门外汉来说，"气旋"这个术语总能让他们联想到"大坏蛋"和变幻莫测的魔术师。它总是兴风作浪，着实烦人得很！刚刚还阳光灿烂，突然就变得阴云密布——这是"气旋"在捣鬼。狂风大作，雨点不断——这也是"气旋"在作怪。海上刮起了可怕的暴风——当然啦，这依然是"气旋"的缘故。

这到底是个什么东西呢？

气旋是大气中的低气压区（730～740毫米汞柱或以下）；气旋里的风按逆时针方向旋转，且都是从外围偏向中心运动（见图1-8左）。气旋覆盖的区域大小各异，有时

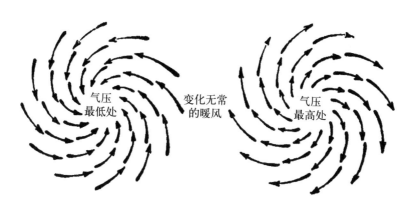

图1-8　左：气旋；右：反气旋。

比较小，直径不过数十千米，有时非常庞大，可达数千乃至上万平方千米——这样的气旋很少待在原地不动，而往往要发生移动，且主要是由东向西。气旋的中心风力总是很强，上升气流引发的低气压则会增加云朵的数量和大气降水量。这一点在气旋的前部，也就是其运动的方向上体现得特别明显。

引发气旋的气压降低伴随的通常就是这些现象。不难想象，要是出现了相反的现象，大气的"底部"也会产生另外一种天气。

反气旋是大气中的高气压区（780 ~ 790 毫米汞柱或以上）；这种气团同样是大小各异，其中的风按顺时针方向旋转，且偏向外围运动（直接从中心向外围吹动，见图1-8 右）。在反气旋中，特别是在它的中心部位，天气状况非常稳定：阳光明媚，万里无云，风平浪静。气旋里是冬暖夏凉（不妨回想下这样一个可靠的征兆："瑞雪兆暖天"），反气旋则恰恰相反，是夏热冬冷。

气旋和反气旋带着自身特有的天气，在我们的地球上四处游荡。我们对天气的讨论——不管是期待天气变好还是担心天气变糟，其实主要取决于讨论的地点、区域或路线在什么地方：是在气旋的支配下呢，还是在反气旋的势力范围。这也就是为什么气压计上的"晴朗干燥"标在760毫米汞柱之上，而"阴雨多风"标在760毫米汞柱之下。这些粗略的预测固然并不总是符合实际的天气（俗话说得好："跟气压计一样爱撒谎"），但气压计的失误一定是有其他的原因，需要另外加以澄清才行。误判最容易出现在气压刚开始变化的时候，这种变化已经反映在了气压计的示数上，但还没来得及对天气产生影响；所以，我们应该更着重关注气压计示数的变化幅度，而不是示数的绝对值。总而言之，单靠一台气压计去预测天气是肯定不行的，还得用上其他能观察到的一切现象（风的性质、云的状况、降水的量等），只有所有征兆都相合时，才有希望做出正确的预测。

气旋和反气旋对天气的影响如此之大，使对这两种现象的研究成了气象站和航空站的一项首要任务。把气象资料收集起来，可以汇编成专门的天气图；在这种图上，气压相等的点用曲线（等压线）连接起来，构成一个个封闭的区域。这精巧的天气图不仅能发现气旋和反气旋的中心，还能查明它们的大小和大致的移动方向（对几个连续的时间段内的天气图进行比较便可得知）。天气图上还能表示出气旋与反气旋相接的区域，这些地方的气压通常接近正常的气压，但天气状况却难免出现反复。如果表示成图像形式，这些地区就特别像地形图上的山口，也就是低地与高地相接的地方。

地上的气旋与炉上的气旋

然而，气旋与反气旋还有另一个相接的区域，那并不是在地面上，而是在大气的高处。

事实上，风很少有水平吹动的，直线前进的也同样罕见。不难理解，风吹进死胡同里自然是没法出去的，也不可能在里面自动消散。可是，自然界中根本就没有什么死胡同。如前所述，所有的风都在"循环"，也就是说，空气沿着封闭的曲线打转儿。假如这些曲线围住了地表上的大块区域，这些区域里还可能形成局部的气旋、小气旋或者一种称为龙卷风的个别天气现象。小范围的龙卷风甚至在城里的广场和街道上都能见到，它表现为空气急速盘旋上升，从地上或水上吸走灰尘、沙子、雪或水；与此同时，龙卷风本身也在沿着水平面快速移动着。

既然风能沿着地表循环，它自然也能沿着垂直方向循环：毕竟垂直面上也不可能有什么死胡同。大气旋或龙卷风（气旋变种）里的气流升到一定程度后，就难免会变成反气旋的下降流，在小范围内也可能形成"窟窿"或"陷坑"。遗憾的是，这种情景在天气图上已经不可能形象地表现出来了。但是，如果想了解影响天气的大气现象的实质，就应当清楚地想象出这些情景才行。

有一个人人都能做的小实验，可以在房间里充分地再现上述情景。取一块金属板，下面用酒精灯或煤油灯加热（图 1-9），顶上放个装着冰或雪的盒子。由于热空气比较轻，板子中部的空气便会向上流动。但空气升到顶上又会变冷，其中的粒子便会沿着板子两侧沉下去，因为那儿受热比较少。这样就形成了一个完整的循环，要是在板子上空放一片绒毛或轻盈的石松子花粉，就更能轻松地观察到整个过程。板子中部是一幅鲜明的

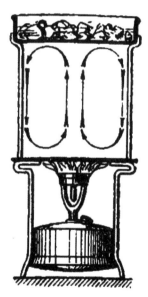

图1-9　炉上的气旋。

气旋图，而两侧则是反气旋的模式（想象自己身处热源左侧和右侧的情况）。

这个实验再现了地球赤道上（特别是赤道的海洋部分，

因为海洋的环境比较均一）发生的"全球级"现象。由于
赤道温度较高，上升流经常创造出低压的环境。这就形成
了气旋的环境，在热带地区产生了稳定而规律的风——信
风。热带之外形成的是反气旋，实现着空气的垂直循环
（下降流）。地球绕地轴旋转，因此信风会朝右侧偏转：北
半球是从东北向西南吹，南半球则是从东南向西北吹。信
风（特别是海上的信风）具有很强的规律性，以至于英国
人将其称为"贸易风"：从英国前往美洲的贸易船对这种
风进行了非常有效的利用。

　　气旋现象还能解释许多国家都有的局部周期风的情况。
尽管这种风在不同的地理和气候条件下有着不同的表现和
特点，但它总是相当恼人，有时还非常暴烈，会造成巨大
的威胁。意大利本土和西西里的西罗科风（热风）、法国南
部的密史脱拉风、阿拉伯的西蒙风（沙风）以及俄罗斯北
高加索、库班①和黑海北岸那烦人的诺尔多斯风便是一些典
型的例子。

　　不管是整个空中交通，还是导航中的个别问题，充分
全面了解大气的各种情况——包括整体情况和局部情况，
都具有特别重要的意义。不了解这些基本状况，就不可能

_____

① 俄罗斯南部草原地区。

搞清楚航空活动中的简单问题。

大气中的陷坑与喷泉

人们已经习惯了在二维的地表和海面上移动，当他们进入三维的大气中活动时，便往往不能立刻考虑到周围的整个环境。为此我们就始终得保持一种特殊的思考技巧，也就是所谓"立体的"思维方式。

在航空事业发展起来之前，人们对风的研究主要限于水平方向的风。然而对航空而言，发挥着重要作用的还有上升流和下降流，且不仅仅是垂直或近乎垂直的气流，还包括略微偏向水平方向的其他气流。

我们用带有 m/s 的箭头来表示略微偏上的风的风力（见图 1-10），并把这个力分解为两个分力：水平方向的和垂直方向的。即使垂直方向的风力只有 1～2m/s，在这股风里飞行的条件也会发生显著的改变。而这仅仅是风发生了 1/6、1/10 乃至 1/12 的偏转的情况（具体取决于风力，10～12m/s）。

想象一下这样的情景：你站在一个缓坡上，周围吹着10m/s 且向上偏转 1/10 的风。由此可知，这股风在以 1m/s

图1-10　上升流以机械方式在斜坡上形成（图中右侧是被坡面反射的上升流分解出的垂直分力）。

的速度上升（以地面和你为基准），所以也可以说，你在以 1m/s 的速度下降（以风为基准）。再假设有架飞机乘着这股风飞行，其水平速度为 10m/s，向下偏转的程度同样是 1/10。很明显，如果你站在地上看这架飞机，会觉得它在空中的高度基本没什么变化，因为它相对于空气的下降速度恰好等于你相对于空气的下降速度，都是 1m/s。换句话说，这架飞机实际上是不偏不倚地按着水平方向飞的，完全用不着自身的推动力（就像滑翔机一样）。

再想象一下相反的情景：一架装备全套螺旋推动设备的飞机迎面碰上了水平方向的下降流，其垂直方向的合力朝下，为 2m/s。为了保持水平飞行，这架飞机就得朝上飞，使垂直方向的速度达到 2m/s，否则它就会渐渐地往下掉。这样看来，要是没了这种上升的能力，飞机就完全无法对抗大自然的力量，这岂不是显而易见的吗？飞机必须要有足够的力量，用来克服大气把它往"底部"拉的力量，这样才能从它坠入的"陷坑"中挣脱出来。

不过，偏离水平方向的气流到底是从哪来的呢？前面已经介绍过会引发气旋和反气旋的自然现象。其实除了气压之外，局部地表的条件也始终在施加影响，这也就是为什么大气的最底层也最不风平浪静。

我们用图来说明起伏的地表对气流的影响。上升流是由坡面反射水平气流（图1-10）或谷底反射下降流（图1-11）而形成的。当风碰到地表上的高层建筑时，最容易产生特别明显的扰动。下面再举一个不是由机械方式，而

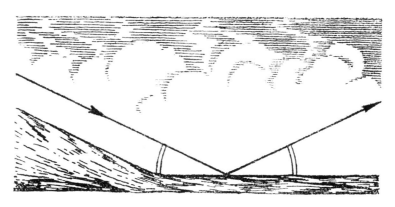

图1-11　上升流以机械（动力）方式在谷底里形成——下降的风被谷底反射后便形成上升流。

是由纯粹的热力（热能）方式产生的上升流或下降流的例子（见图1-12）：较热的地面会令空气上升，而较冷的水面则会引发下降流。这个情景同图1-9的实验非常相似，飞行学校的学生对此都十分熟悉。在不同温度或不同湿度^①的空气的交汇处，飞行器总是会遭遇或强或弱的颠簸。

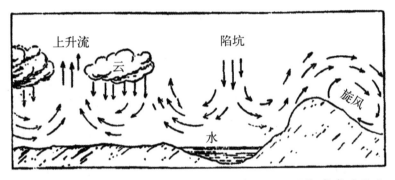

图1-12　上升流以热力方式形成。大气中的"陷坑"常常被称为"涡潮"（源自法语remous）。

由此观之，大气中的种种状况（特别是在"底部"的情况）都难免会在三维空间中（也就是垂直方向上）引发各种不同的气流的形成。因此，飞行器的驾驶员不仅必须考虑到气浪的扰动，还要注意大气里的"坑洞""洼地"和"沟谷"，此外也得注意到那与地上的电梯或喷泉相似的上升流，利用其携带的免费能量为飞行服务。

———————

① 水蒸气比空气轻，所以潮湿的空气比干燥的轻。——原注

会飞的蜘蛛与搭顺风车的鸟儿

大气中有些有趣而又神秘的现象都与上面说到的性质有关。下面举几个例子来说明这一点。

著名的机枪设计师海勒姆·马克沁在航空领域也享有盛誉（下文我们还会谈到他），他曾举过这样一个例子[①]。

"有一次，我看见几只小蜘蛛拉着蛛丝从天而降。这让我觉得非常有趣：在我看来，它们似乎是把网子固定在了高处的某个地方，且是特意织了这张网子，好让自己能降到地上。可是，它们结网的支撑物在哪儿呢？天空晴朗无云，我完全想不出要怎么解释这种现象。

后来我在书上读到，有一种蜘蛛能借助风的力量飞行。它爬到高高的树上，在伸出的树枝或叶片上安家，然后等着自己被上升流带走。尽管这种蜘蛛很小，只有大头针的圆头那么大，但它的体内有 200 个左右的蛛网结，它的蛛网也是由数目相当的极细的蛛丝组成。每根蛛丝向着不同方向独立展开，最终在四面八方交织起来，形成一张几乎看不见的纤细蛛网，形状

---

① 《人工飞行与自然飞行》，1909年。——原注

就像个直径约 1 厘米、长度约 60 厘米的圆柱体。

蛛网几乎没有重量，当上升流出现时便会被往上吹动，而蜘蛛一感受到足够的上升力，就会离开自己的住宅，开始在空中遨游起来。"

必须指出，像蚊子、苍蝇、蜻蜓和某些蝴蝶之类的昆虫，只要有一点点风的垂直拉力，就能在空中进行滑翔。为此只需风的垂直合力达到 0.1 ~ 0.5m/s 就行了。同理，蜘蛛也能借助热空气的气流，扬着蛛网的"帆"实现空中飞行，这也就毫不奇怪了。

其实，动物界中还有更擅长利用这种"空气电梯"的能手，那就是鸟类——这还不是小鸟儿，而是靠滑翔来飞行的大鸟，也就是飞行时双翼展开、保持不动的鸟类。我们知道，这样的鸟主要生活在山区或海边，那儿的风有着最为复杂的表现形式。如：鸢、鹰、秃鹫、海鸥和信天翁等便是如此。以下事实生动地表明，这些鸟对大气中的上升流究竟有着何等敏锐的感受力。

凡是海员都很清楚，有些大型海鸟经常在船的边上飞行，往往连着几小时乃至几天跟着船行动。此外人们还注意到，这些鸟儿跟着轮船开路时花费的气力特别小，几乎都不用拍动翅膀就能飞。同样是这些鸟儿，如果跟随的是帆船，它们就不能这么轻松地飞翔了，即便是在相同的天气条件下，也往往要用力拍动翅膀才行。

在研究这种现象时，人们发现滑翔的鸟在无风天中跟在船的后面飞，在有风天中则靠近背风的一面飞（也就是在船的前头顶着风飞）。另外还发现，如果鸟儿出于某些原因落到了船的后面，比如说去捕鱼或被特意扔到水中的诱饵吸引，那么稍后要追赶轮船时，它们大多就得用力地"划"自己的翅膀。

这些奇妙的现象有个非常简单的解释：由于机器运转的缘故，轮船总是会产生上升流，这就为鸟儿提供了绝佳的利用机会。还有一点也是很好懂的：鸟儿准确无误地选择了相对于轮船和风的最佳位置，使轮机产生的上升流实现最大化。由于它们偶尔也会离开这块"宝地"，想回去时就得花费额外的能量……很明显，帆船就没有这些有利的条件了。

在上述情况下，鸟儿借着轮船的力量与它一起遨游，就像是一群"搭顺风车的乘客"（这些有上升流的地方或许也终将为我们所用）。事实上，整个大气中还散布着极多的能量，且都是源自太阳或大地的无偿能量，叫人白白使用也不用花一分钱；这大概已经不是例外了，而是司空

图1-13 鸟儿"搭顺风车"——完全用不着拍翅膀，利用轮机的上升流就行了。

见惯的情况。不错，人类对这种能源的利用程度还非常低下——目前只是在滑翔运动中用到。然而，鸟类那精妙的飞行技术主要就是利用大气中的各种风力，那些直到今天都尚未完全发掘出来的力量。

除此之外，鸟类还能巧妙地利用地表、被太阳晒热的沙地、悬崖或城里的金属屋顶附近的上升流。它们也善于借助运动物体产生的上升流，比方说山上和谷底的空气流动，或者海上的波涛产生的气流（在海上，波浪的拍溅也会产生一定的作用）。鸟儿能凭直觉感受到每种风的力量和内在性质，而这对我们来说依然是难解的谜团。为了能让自己停在空中，它们善于从一切的气流中获益，能像冲浪一样借着气浪上升，在需要下落时也能抓住机会，利用气流中断的间隙增加下降的速度。

漫游大气的炮弹

普通的枪炮利用火药爆炸的气流射出的弹丸或子弹，能在大气中飞行相当长的距离——可达 15 ～ 20 千米；这其实没什么好奇怪的。更令人惊奇的是，1918 年德国人成功研制出了一门巨炮，其射程高达数百千米，能将弹丸发射到大气稀薄的上层，弹丸在那里能达到非常高的速度，最终落到很远的地方[①]……不过，从大气中匆匆路过的弹丸有没有可能在那里长住下来呢？

这听起来似乎挺不可思议的。尽管如此，大气的神奇性质完全可以让这种事情成为现实。问题根本不在于现象

---

① 德国的"大贝莎"火炮曾将炮弹发射到离地40～50千米的高空，创下了当时距离地表的高度纪录。——原注

本身的性质，而在于它的规模如何。我们知道，身体沉重的大鸟能在大气中"免费"遨游许多时间，丝毫不费吹灰之力，那弹丸怎么就不能在特定条件下做到这一点呢？诚然，鸟是有又大又宽的翅膀，换句话说也就是有很大的"升力面"。但通过简单的数学计算可知，随着物体的体积减小，所需的升力面也相对地减小，因为重量取决于体积，而体积的缩小是开三次方，面积的缩小只是开平方。如果弹丸的体积不大，气流便能像承载"马克沁的蜘蛛"一样，完美地带着炮弹在空中飞行。读到这里，你是否已经猜到了：这种"弹丸"其实是从地表进入大气的固体颗粒呢？

不错，它们很小，非常非常小……很多时候看都看不到。但它们的存在也是毋庸置疑的：看看烟囱里冒出的烟雾，看看干净房间里照入的一缕阳光吧……你要知道，这些固体颗粒的比重可要比空气大数千倍呢！尽管如此，燃烧产生的微粒以及各种尘土颗粒都能在整个大气中飞舞，乃至上升到大气的高层。原因仅仅在于上升流（哪怕是最微弱的上升流）把它们从地上带到了空中。

可这些小玩意儿又有什么好谈的呢？为什么要提这些普普通通的烟灰和尘土呢？而且还夸大其词地把这些垃圾称作"弹丸"？

事实上，还真该好好谈谈。并且只有研究这些小颗粒，才能理解许许多多其他的大气现象，因为这些微不足道的尘土在大气里扮演着至关重要的角色；你可知道，气象科学甚至给它们起了个正式名称叫作"核"[①]。这里涉及的是大气降水，以及由空气中的水蒸气（也就是水汽）引发的种种现象。

我们常说：空气湿、非常湿或特别湿，有点干、比较干或特别干。空气的干湿正是取决于空气中的水蒸气含量。这些水蒸气从水体的表面或潮湿的地表升腾起来，在静止状态下也能自然而然地升入空中，因为它们的比重比空气要小。然而，空气容纳水蒸气的能力并不是无限的，而是都有着严格的限制条件——空气的温度越高，能容纳的水蒸气就越多[②]。要是碰到饱和了水蒸气的空气，多余的水蒸气便会以液体或固态的形式分离出来。如果是在大气的同一层中，且湿度保持不变，那么不管是降低温度还是降低气压，都一样会发生上述情况。

飘荡于大气中的尘土，以及完全或部分溶解在空气中

---

① 在俄语中，"弹丸"与"核"是同一个词。

② 空气的相对湿度以百分比表示，也就是相对于饱和状态（100%）的比例。室内空气的平均湿度为60%～70%。——原注

的水汽，二者的相互作用决定了大气中的各种构造的发展过程。哪怕是在洁净的空气中，每立方厘米也有大约 500 个极微小的尘粒，它们被水汽沾染并打湿，变成了凝结核，也就是水蒸气转变为其他状态的过程的起源地。在凝结过程的不同阶段中，大量凝结核变成了从大气"底部"就能看见的团块。从此它们就获得了不同的名称，有些名称用于日常交流，也有些用于科学研究。

有谁不曾在大城市里见过这样的景象：常常是在酷暑过后的夜晚时分，一大片尘土低低地浮在地面上空，覆盖了相当大的区域？这也就是所谓"霾"，是从地面扬起的固体颗粒的聚合体，能达到地表以上 100、300～600 米乃至 1000 米的高度[①]。这里的水汽还很少，且降水本身在此并不发挥什么作用。不过，"霾"很快也很容易转变成另一种现象。只要这片尘土碰上降温或降压，水汽的凝结便开始了。这又会导致雾的形成，称作升腾雾。要从外观来区分霾和升腾雾并不那么简单，有时根本就不可能。这两种现象的基础是一样的，而凝结水汽的范围和状态又并不总是肉眼

① 通常限制在所谓逆温层的高度；逆温层是处于上方的空气层，但与一般的物理规律（温度随高度的增加而降低）相反的是，它比下方的空气层更加温暖。——原注

可辨。此外，这两种状态还经常相互转变。随着水汽逐渐从空气中分离出来，苍白的升腾雾也慢慢变黑、变灰，逐渐取得了另一种形式——云。

要注意把上述的升腾雾与另一种称作地方雾或地表雾的现象区分开来。这是一类有时非常浓稠的蒸腾现象，当邻接着地表或水面的空气层发生冷却时——比方说太阳已经下山而地表辐射依然强烈的时候，便会形成覆盖于其上的地表雾。气象学上根据升腾雾的形态将其归入层云类。

降雨的舞蹈

被水汽浸湿的核在空气中飘动，其体积也在变大——要么是每个核分别胀大，要么是几个核结合在一起。最初的雾变灰、变湿了，转变成了所谓液气态，与此同时它的颜色也在变化，变得更深了。于是便形成了白云和乌云。

但你可别以为云的构造具有稳定性。云的形状也会在外部因素的影响下而不断改变。云是一团永不平息的液气聚合体，那里面有的微粒在与上升流大致相同的高度舞动，也有的液滴下降时在更干燥的层面蒸发了，在上面留出的位置则被新的凝结核取代了。与此同时，水蒸气凝聚时散发的热量又促进了一些液滴的蒸发，这就妨碍了凝聚的过程。这样一来，云朵中的微粒就像一群蚊子在空气中舞动，时而融入水汽中，时而重新在核周围凝聚起来。

最有意思的是，最小的微粒（直径仅有 0.02 ～ 0.1 毫米）的下降速度极其缓慢，只有 1 毫米 / 秒～ 25 厘米 / 秒，因为它们很难克服空气本身的阻力。因此，它们如蚊子般舞动时很容易蒸发，却很难完整地抵达地面。要想形成降水，云就得排出平均直径约 1 毫米（据某些人的计算）的微粒。这样的微粒在平静的空气中的下降速度为每秒 2 ～ 3 米。换句话说，在这种风力的上升流中，云已经无法飘浮了，而是会向底部降去。不难理解，上升流越强，在其中飘动的液滴就越大。最大的液滴的下降速度可达每秒 8 米（其直径在 2 毫米以上）。

云里的激烈舞蹈产生出了水汽，而水汽又变成雨点落到大气的"底部"——回到它从潮湿地带和水体中蒸发升腾的地方。在这个复杂的过程中，除了上升流之外，周边大气的压力、温度和相对湿度也发挥着重要的作用。而更重要的是大气中的电荷，因为电荷是令小水珠变成大水珠的主要因素（这个问题在科学中还没有确切阐明；目前公认的是，分离成带正电和带负电的粒子【离子】的空气分子同样能起到凝结核的作用）。

上述因素依照不同的组合方式，便可能令云排出其他形式的降水……这样就形成了雪、霰、雹和其他一些现象。

空中的风景与观景的道路

古老的谚语说得好："见海方知惧。"可既然如此，我们又该怎么形容空气的"海洋"呢？那儿最可怕的不仅有带着"陷坑"和"旋涡"袭来的强大气浪，还有那在不同高度上遮蔽着广阔的空间、往往能令近在咫尺的飞行器与航空港断绝联系的云朵呢。

尽管大海看上去总是一个样儿，但在不同的天气下和不同的景致下又能呈现出无穷无尽的美……然而空气的"海洋"还要比它壮美得多哩，那儿有许多奇妙的云朵，它们不断改变着自己的位置和形状，时而在耀眼的阳光下闪闪发亮，时而在阴暗的天空中群聚翻涌，创造出了多么丰富多样、变幻多端的色彩呀！

而飞行员呢，尽管能在高空中尽情欣赏大气的美景，但同时也得与大气的各种凶险状况搏斗，还要充分了解云中的"风景"，才能减少途中的艰难险阻，最后顺利抵达终点。大气的"底部"是最不风平浪静的地方，显然不是适合空中交通的区域，但碰到云层时问题就没那么简单了。在中纬度地区，多数云朵聚集的高度可达 5 ～ 6 千米，而这恰好就是飞行器活动的地区。由此看来，这些"空中风景"的实际价值就更加突出了。

站在地上看，云朵就像是一片片粘在不同高度的棉花。但高空中究竟有多少片这样的"棉花"，这不仅看不出来，实际上也很难确定。可在飞行员看来，这种情况恰恰是最为重要的，他们必须从正面时刻关注云朵的状况。一般来说，地表附近的云朵聚成的团块更浓稠、更高大，而离"底部"越远，云朵就变得越稀薄。原因在于，温度随着高度的增加而下降，而空气中悬浮或飘动的水汽正好是由上升流的温度和强度决定的。因此，对流层上部的云朵（根据不同的形状而分别被称作卷层云、卷积云或卷云）在飞行员眼中是根本注意不到的：它们就像一张张轻薄疏松的帐子，只有从远处才能看见。这些云朵中最有意思的是飘浮在 8 ～ 12 千米的高空中的卷云；在低温条件下，其中的水蒸气颗粒会转变成坚硬的冰晶，形如一根根细小的冰针。

在离地 1 ～ 2 千米的高度，飞行员最常碰见的云朵要么是白色的积云（*Cumulus*），这种云的顶部向上拱起，形如教堂的圆顶；要么就是黑色的雨云（*Nimbus*），这种云的形状极不规则，边缘模糊残缺，附近还往往有小块的云团。

积云和雨云的下方往往飘浮着由霾组成的灰色的层云（*Stratus*）。层云受到上方的逆温层的压迫，便只能在水平方向上延伸开来，通常是在低空覆盖一片很大的范围，但有时也会上升到 3 ～ 4 千米的高度（高层云），看上去就像一张张略带灰色的透明帐子。

与上述云朵不同，阴暗的积雨云（*Cumulus-Nimbus*，又称雷雨云）就像一座座尖顶的高塔或山峰，其高度可达 6 ～ 8 千米乃至 10 ～ 11 千米，顶端像积雪一样堆积着卷层云。暴雨、霰和冰雹也正是在这儿产生的。

对飞行员来说，穿过积云的过程往往伴随着上升流引发的"摇晃"和颠簸，在云层中部尤其强烈；要是飞行途中碰到了空隙，也就是常有下降流的地方，那么颠簸还会变得更强。良好的飞行路径可以在积云的下面找到。层云能在其顶部附近的暖层创造出平稳的飞行通道，但在那里飞行时还必须注意地面附近的种种凶险，特别是在崎岖不平的地方，那儿的谷底、水体和湿地上空总是会形成"陷坑"（参见图 1–11、图 1–12）。层云和干燥的升腾雾（霾）尽管本身人畜无害，却会对航向的确定造成严重干扰；它们遮住了整个"底部",不仅妨碍飞行员辨识飞机的所在地,还常常害得他没法顺利着陆,哪怕是在十分熟悉的机场也不行。

然而,最危险的自然是那强大无比的雷雨云。这种云带着雷暴、狂风和飓风呼啸而来,在水平方向上以极快的速度移动,还蕴含着其他毁灭性的力量,它们对飞行器来说无疑是真真切切的威胁,要躲开它们只有一条出路——那就是寻找安全可靠的避风港。

第二章 我们是怎么长出翅膀的

"我提醒你，一切结论都应基于尝试而非全凭观念，否则便显得过于简单。

那时你便会说：做实验吧。"

——莱昂纳多·达·芬奇

"先长毛，后学飞。"

——M.高尔基[①]

[①] 马克西姆·高尔基（阿列克谢·马克西莫维奇·彼什科夫，1868～1936），俄罗斯著名文学家、政论家。上述引文出自他的长篇小说《在人间》，但其实是一句俄罗斯谚语。

翅膀！翅膀！ [①]

"既然沉重的鹰能靠翅膀浮在轻飘飘的空气中，既然巨大的船能靠风帆在海上行驶——那人为何不能靠翅膀破开空气，以胜利者的姿态乘风而上呢？"

达·芬奇在自己的一本旧笔记里读到了这段五年前写下的话，旁边还有幅草图：三脚架上固定着圆形的铁轴，用来支撑靠绳索拉动的人工翅膀。

如今，这个机器在他看来已是过于笨拙而难看了。

他设计的新装置活像只蝙蝠。翅膀的骨架由五根多节且关节处弯曲的手指组成，就像人类骨架的手骨。脉络由鞣皮带、细绳和生丝组成，带有杠杆和垫圈，像肌肉一样把手指连接起来。翅膀靠活动的轴和连杆支撑起来。不透气的浆硬塔夫绸像鹅掌上的蹼一伸一缩。四片翅膀像马的四条腿一样交替拍动，长度为四十肘[②]，抬升高度为八肘。翅膀往后拍便能让机器前进，往下拍便能让它上升。人站

① 下面这段文字取自 Д.С.梅列日科夫斯基（1895～1941，俄罗斯哲学家、宗教思想家、文学家——译注）三部曲的第二部《莱昂纳多·达·芬奇》（见第二卷的开头）。——原注

② 古代长度单位，为中指到肘部的长度，具体数值不等。

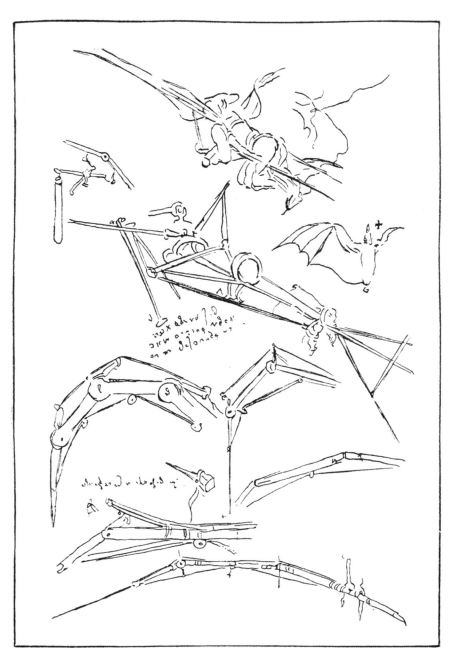

图2-1　莱昂纳多·达·芬奇亲手绘制的草图：他设计的较早的飞行器之一。

在机器上，双脚塞进镫子里，靠细绳、滑轮和杠杆驱动翅膀。头部控制着一个带羽毛的大操纵轮，就像是鸟儿的尾巴。

当鸟儿从地面腾空而起时，它得先用双爪撑起身子才能拍动翅膀；雨燕的爪子很短，如果把它放在地上，它就只能扑棱而飞不起来。

在达·芬奇的装置中，两道芦苇编成的梯子代替了鸟爪的位置。

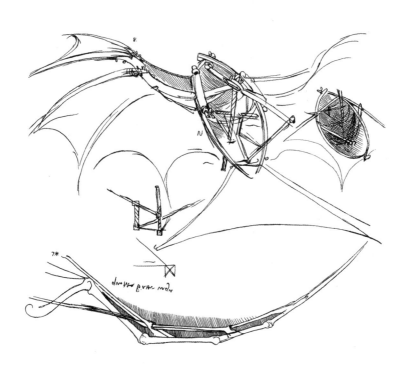

图2-2　莱昂纳多·达·芬奇亲手绘制的草图：另一架飞行器的构造，同样是扑翼式飞行器。

莱昂纳多根据经验得知，完美的机械装置必然是精巧而匀称的：尽管梯子是必不可少的，但它们那难看的样子让发明家非常烦恼。

他埋头进行数学计算，想找出错误却没能找到。忽而生气地画掉一张密密麻麻写满数字的纸页，在页边上写道："不对！"又在旁边恶狠狠地用大写字母加了句骂人话："见鬼！"

计算越来越乱了；捉摸不透的错误也越来越多。

闪烁的烛火刺着他的眼睛。睡饱的猫儿跳上工作台，伸了个懒腰又拱起背，开始拿爪子拨弄用绳子吊在横梁上的蛀坏的鸟类标本——那是达·芬奇研究飞行时用来确定重心的装置。莱昂纳多用力一推，害得猫儿差点从桌上摔下去，哀怨地叫了一声。

"哎，得了吧，你想躺哪儿就躺哪儿，别来烦我就行。"

他温柔地用手抚了抚黑色的猫毛。毛里闪出了几点火花。猫儿蜷起天鹅绒般柔顺的爪子，大模大样地躺下去，发出一阵呼噜声，绿莹莹的眼珠子一动不动地望着主人，眼中满是温柔和神秘。

又是一列列长长的数字、括号、分数、等式、立方根和平方根。

第二个不眠之夜也不知不觉地过去了⋯⋯

从佛罗伦萨回到米兰①之后，莱昂纳多整整一个月闭门不出，专心研究着飞行器⋯⋯

* * *

"安德列亚，"波塔菲奥问，"你觉得莱昂纳多先生能很快完成飞行器吗？"

"天晓得。"萨兰诺说，一边用口哨吹着歌儿，一边整理着新靴子绣着银线的缎子翻口，"去年坐了整整两个月，什么都没搞出来，只落得叫人笑话。那头笨手笨脚的大熊琐罗亚斯德无论如何都想要飞起来。老师想劝他打消这个念头，可他偏要固执。你想想看，那怪人爬到屋顶上，戴念珠似的在身上绑满牛尿脬和猪尿脬，免得跌下去时摔坏嘛，然后抬起了翅膀；他先是往上一扑腾——风把他吹起来了——之后便一个倒栽葱，两脚朝天直飞进粪堆里去了。那儿挺软，他没摔坏，可身上的尿脬一下全破了，发出大炮般的巨响，吓得旁边钟楼上的乌鸦全飞跑了。而我们这位新伊卡洛斯②双脚乱晃，陷在粪堆里爬不出来啦⋯⋯"③

---

① 均为意大利中部城市。
② 参见本章最末的注释。
③ 莱昂纳多的学生之间的对话。——原注

* * *

而达·芬奇依然伏在办公桌前工作。

燕子从敞开的窗子飞了进来，在房间里转了一圈，擦过天花板和墙壁；最后它撞到了飞行器的一片机翼，就像落入陷阱一般，灵活的小翅膀被缠在了绳子里。

莱昂纳多走到飞行器跟前，小心翼翼地松开"俘虏"，注意不弄疼了它，把它拿在手里亲了亲那丝绸般柔顺的黑色小脑袋后，便把它放出了窗外。

燕子欢叫一声，飞旋着没入了天空。

"多么轻巧，多么简单啊！"他心想，羡慕又伤心地望着燕子。然后嫌弃地瞥了一眼自己的飞行器——那个难看的巨型蝙蝠骨架。

原本睡在地板上的人醒了过来。

这是莱昂纳多的助手、一位技艺高超的佛罗伦萨机械师和铁匠，人称"琐罗亚斯德（或阿斯特罗）·达·佩雷托拉"[①]。

他一跃而起，揉了揉仅有的一只眼睛：另一只在干活

[①] 此人真名托马索·迪·乔万尼·马西尼（1462~1520），佩雷托拉（佛罗伦萨附近地区）人。琐罗亚斯德是古代波斯人，拜火教的创立者。"阿斯特罗"是"琐罗亚斯德"的意大利文拼写的后半部分。

时被燃烧的熔炉里崩出的火星给弄瞎了。笨手笨脚的大块头长着张孩子般淳朴的脸，脸上却总是沾满煤灰和烟油，活像传说中的独眼巨人。

"睡过头了！"铁匠惊叫一声，懊恼地抱住了脑袋。"真见鬼！师父，你怎么就不叫我起来呢？我赶了工，还以为太阳下山前能搞定左边的翅膀的，这样明早又能飞一次了……"

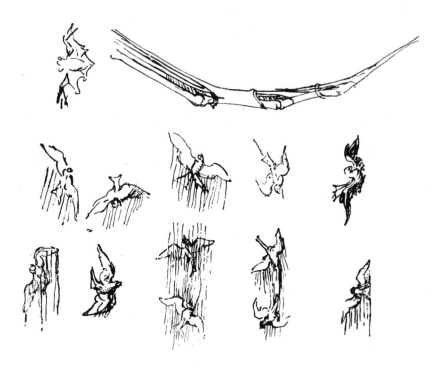

图2-3 达·芬奇研究鸟类飞行的笔记草稿。

"睡够了是好事,"莱昂纳多说,"反正翅膀也不合用。"

"啊?又不合用?不,师父,不管你怎么想,我都不再重做这机器了。花了多少钱,费了多少功夫!结果又要白费吗!到底怎么了?有这样的翅膀还怕飞不起来?别说是人了,大象都能飞起来!你瞧着吧,师父!让我再试一次——就在水上好了!哪怕掉下去也就当洗个澡了;我游得跟鱼一样好,绝不会淹死的!"

他恳求似的叉起双手。

莱昂纳多摇了摇头。

"耐心点,朋友!凡事都有水到渠成的时候。等以后……"

"以后!"铁匠呻吟着说,都快哭出来了。"怎么就不能现在呢?真的,师父,这个嘛,我敢赌咒发誓,一定能飞!"

"飞不起来的,阿斯特罗!数学计算表明……"

"我就知道!叫你的数学见鬼去吧!只会叫人为难。咱们都干了多少年了啊!真是灰心极了。每个愚蠢的蚊子、牛虻、苍蝇,不管生在泔水还是粪坑里——请原谅我这样说,可它们都能飞。而人呢,却跟虫子一样在地上爬。这还不够气人吗!还等什么呢?这儿就有翅膀!全都准备

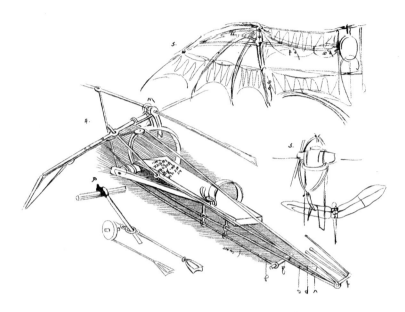

图2-4 达·芬奇研究飞行器的设计草稿。

好了，只要一边念着上帝保佑，一边拍拍翅膀就能飞起来——你就看我的吧！"

突然他想起了什么，脸上变得容光焕发了。

"师父，师父？听我说！我今天做了个什么梦啊，太神奇了！"

"你又飞了？"

"没错，太对了！你听好了。我仿佛站在一个陌生的房间里，周围全是人。所有人都看着我，对着我指指点点和发笑。嗯，我觉得，要是这次飞不起来就糟啦。我一下子跳起来，双手使劲一挥，就开始上升啦。一开始挺难的，肩膀上压着座大山似的。后来就轻松了，越来越轻松；我旋转着往上飞，脑袋差点儿没撞到天花板。所有人都在喊："看啊，看啊，他飞了！'我飞出窗户，越飞越高，头顶上就是天空，只有风在耳边尖叫。我高兴得大笑：我想，以前怎么就不会飞呢，是忘了还是怎么的？你看，这多简单！根本用不着什么机器！"

邪恶的构想与天才的构想

"1729年，在里亚热斯克①附近的克留奇村，人称'黑雷'的铁匠用铁丝做了双翅膀，像穿衣袖一样套上它们；翅膀的尖端插着绒毛一般的、特别柔软的鹞鹰羽和鱼鹰羽，且为了好看，脚上和头上也装着长而软的羽毛，像是尾巴和帽子。他不高不低地飞了一会儿，觉得累了便停在教堂的屋顶上，可神父烧了他的翅膀，还差点诅咒了他。"

这就是俄罗斯的一次飞行实验，关于此事的真实记载保留在了一份古老的俄罗斯手稿中。

另一个更加生动的事件发生在16世纪后半期的莫斯科

① 俄罗斯中部城市。

郊外。在众目睽睽之下，某个"农夫尼基特卡、贵族之子鲁帕托夫之奴"貌似顺利地绕着亚历山德罗夫镇飞了好几圈——当时伊万雷帝[1]也住在那里——同样是靠着某种装有木头翅膀的机械。可这位飞行家尽管成功地模仿了鸟儿，却在另一方面遭到了惨痛的失败。"人非鸟而无翼，加木翼于己身，乃逆天而行。此非神之旨意，乃魔鬼之力。此人异想天开、结交魔鬼，理应斩首。此恶犬之尸应扔与猪狗啃食，其机借魔鬼之力，应祝圣后以火焚毁。"

倒霉的"农夫"便遭了这样的判决，这全都怪他胆敢逾越人神的界线：翅膀是天神和圣人的特权，凡人是绝不能有半点妄想的。

用"施行邪秽"、结交魔鬼之类的罪名指控"异想天开之人"，并对其加以迫害，这种事并不只在俄罗斯有，西欧同样也不乏其例，特别是在黑暗的中世纪。就连不朽的莱昂纳多·达·芬奇在工作中也不得不考虑到被指为巫术的风险，这个罪名在当时最严重可是会被判火刑的。当年所有的飞行实验都伴随着双重的风险。人只能靠粗制滥造的翅膀与鸟竞飞，往往有摔残乃至摔死的危险，而监视一切

---

① 伊万四世（1530～1584），俄罗斯沙皇，以残暴著称，人称"雷帝"。

的教会又在威胁着要惩罚人的桀骜不驯，制裁凡人妄想与天神比肩的恣意妄为……尽管如此，人并没有放弃学飞的念头，而是顽强地重新制造起人工的翅膀来……这种情形在各国都持续了许多世纪。

在这类为数众多的发明中，必须着重提到莱昂纳多·达·芬奇的"异想天开"，因为他所有的发明中都能看到那特有的天才烙印。的确，尽管阿斯特罗·达·佩雷托拉在梦里飞得那么淋漓尽致，但莱昂纳多几次指导制作的翅膀都没能实现他的飞行梦。不过，这位大发明家的其他构思都是些不寻常的创造，遗憾的是它们在当年都不为人知，因为莱昂纳多根本没公开过半点儿相关内容（他的笔记直到 19 世纪末才得到整理和发表）。那个时代的人只晓得风帆，对螺旋桨却是一无所知，且连想都没想过，而他却提出可以利用垂直轴上的螺旋推进器升到空中（见图 2-5）。他还最先提出用简单的帆布制成降落伞（金字塔形）、乘着它从高处平安飞落的方法，并对这种方法进行了准确的描述。

除了其他发明之外，达·芬奇那"异想天开"的螺旋桨和降落伞比最早的应用实验还要早 3 个世纪之久，这令他成为当之无愧的"航空学鼻祖"。

图2-5　莱昂纳多·达·芬奇的飞行器设计手稿（直升机）。

飞得起来？飞不起来？

在 18 世纪末的巴黎，香榭丽舍大道① 熙熙攘攘的人群中不时会冒出一辆奇怪的大车。这辆大车不靠马拉，而是在车顶挂了一张巨大的风帆。大车便这样在路上滑行，就像是帆船在水上航行。这在当时可是个大新闻，"帆车"的发明者——青年机械师弗朗索瓦·布兰沙尔的大名也传遍了整个城市。

可这位从小精力旺盛而又富于进取心和勇气的发明家却不满足于此，他还想把轮子去掉，让大车靠着风帆直接在空中行驶。为此，他首先想到的正是每个打算飞行的人都会考虑的问题：很明显，得有翅膀才能飞。布兰沙尔本人在 1781 年 8 月 28 日的《巴黎报》中是这样说明自己的"帆车"的：

"有人说我是幻想家，说人生来就不可能像长翅膀的鸟一样飞行。而我会回答：羽毛并非关键，有个类似翅膀的表面便足矣。苍蝇、蝴蝶和蝙蝠没长羽毛也能飞，因为它们有扇子般的角质翅膀。也就是说，使

_____

① 巴黎市中心的主要街道。

飞行成为可能的并非形状或材质，而是拍打翅膀的动作，且必须有足够大的力度和频率。还有人说：人太重了，不可能单靠翅膀升空，更何况是在船上呢，单是'船'这个名字就说明重量很大了。对此我也要反驳：我的船是轻得不可思议的。话说到人本身的重量，我想提请各位注意布丰的《自然史》(*Histoire naturelle*)①中谈兀鹰的一段话：这种鸟具有很大的自重，却能很轻松地从地上拎起不少于100磅的两岁牛犊——这都是靠着它那长达 30 ~ 56 尺的翅膀②。

以下简单描述我的机器。

十字形的基座上安着一只小船，长 4 尺，宽 2 尺，以薄板条制成，但非常坚固。小船的两边固定着两根 6 ~ 7 尺高的支柱，支撑着 4 片翅膀，每片翅膀长 10 尺；所有翅膀合在一起构成一个直径 20 尺的伞面，也就是一个周长 60 多尺的圆。这些翅膀能非常轻巧地活动，整台机器虽然很大，但仅凭两人之力就能轻松地飞起来。"

---

① 乔治·路易·勒克莱尔，布丰伯爵（1707~1788），法国博物学家、植物学家、作家。其36卷巨著《自然史》是早期生物学史上的重要成就，且广受公众欢迎。

② 100法磅≈50千克=30普特（俄国重量单位，1普特≈16.38千克——译注）；30尺≈9米。这种说法当然是错的。兀鹰的翅膀最多只能长到3米长。——原注

图2-6 布兰沙尔的飞车。

这封信刊载之后，巴黎开始有人志愿帮布兰沙尔做实验。布兰沙尔准备了一根高高的桅杆，在桅杆顶端固定了个滑轮，靠滑轮把飞行装置吊起来，经过反复练习，最终只靠 10 千克配重就能升到离地 20 ～ 25 米的高度。剩下的就是减轻机器的重量或完善它的翅膀，稍微增加点抬升力就行了。可就在这时，有个学者出来插了一脚，给可怜的发明家带来了许多烦恼。这位天文学家拉朗德同样是在《巴黎报》上撰文，宣称人的飞行梦纯属无稽之谈。"目前已经确定，从各方面看人都不可能飞起来，哪怕只是停在空中都不可能。库龙院士计算了人的肌肉力量，断定人要想飞就得有 1200 万～ 2500 万尺长的翅膀，且应以每秒 3 尺的速度拍动。由此可见，只有外行才会觉得这类尝试有成功的希望。"

当年的拉朗德是个大名鼎鼎的人物，他的判决令布兰沙尔失去了大众原本的信任和同情。报纸还对他进行嘲笑……附着四行打油诗：

　　　鸟儿真神奇，待在笼子里，

　　　人们等呀等，看它来飞起！

　　　群兽一声叫，觉得好奇妙，

　　　你说看不到，莫非眼瞎了？

尽管如此，布兰沙尔还是有几位支持者的。其中有个叫马丁内的工程师，他在 1782 年 7 月 8 日的《巴黎报》上发了一篇满怀同情的文章，文章的最后写道："是谁比任何人都想飞？当然是那位进行了多次成功试验，并对在此基础上做出的发明满怀信心的人！他一定能飞起来！他一定能飞！"

与此同时，布兰沙尔也在继续完善自己的机器，最后成功改进到了只需 6 磅配重就能升起来的程度。可人们依然在争论他到底飞不飞得起来，直到一年后另一个惊人的发明才让争论平息下来。1783 年夏，两位法国人——孟高夫兄弟先是在法国南部的阿诺奈、后来又在巴黎展示了以烟雾充气的

图2-7　描绘1812年10月4日公开实验的法国漫画。参加实验的拍翼飞行器是由才华横溢的维也纳机械师德根建造的，围绕着此人也有许多争论："飞得起来，还是飞不起来？"然而实验失败了，群众把发明家痛揍一顿，还捣毁了他的机器。

最早的气球；同年11月21日，他们乘着这个气球完成了世上首次双人飞行，为人类打开了通往天空的禁忌之路……

　　布兰沙尔放弃了自己的翅膀装置，将所有兴趣都投入了"飞行气球"的研究中。他不仅成功"飞了起来"，还成为当年最著名的飞行家，总共完成了66次自由飞行（顺便说一句，他还是世上首位从多佛尔飞到加莱①、在英法之间搭起空中桥梁的人）。

————————

① 英吉利海峡两端隔海相对的城市，现有渡轮和海底隧道相连。

图2-8　布兰沙尔的"飞行气球"成功地"飞了起来"。

至于那轻率地反对机械师的学者拉朗德，想必是遭了很大的难堪，毕竟他的声明仅仅一年半后就被现实给推翻了。

无翼而飞与坚翼而飞

还是在同一时期的巴黎（1784年），两位研究者洛诺阿和比恩维纽成功建造了一台机械装置，不用充气也能飞得很好。不错，这只是个儿童玩具，它靠两台推进器的旋转上升，每台推进器由4根鸟羽组成，靠松开弓弦提供旋转动力。但这个"玩具"在当年接受了巴黎科学院的专门审查，因为它首次无争议地证明：比空气重的无生之物也

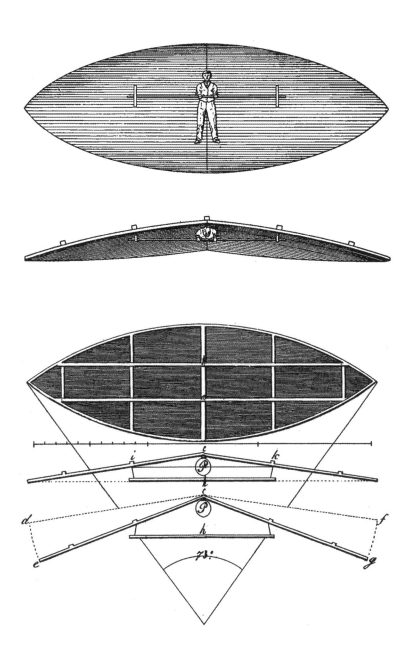

图2-9 梅尔维恩的带翼装置，具有滑翔能力（1781年）。

能和鸟类一样飞翔。

那些年里还有一项非常有趣而富于启发性的工作，但不是在法国，而是在另一个国家。

巴登①建筑师梅尔维恩设计了一台带翼装置，由一块坚硬的表面分成两半组成两片翅膀。这两片翅膀可以在空气中拍打，就像鸟的翅膀一样，且尽管质地坚硬，却同样能像鸟翼一样平展开来，只不过是滑翔中的鸟翼。据某些资料的说法，1781～1783 年，梅尔维恩甚至用这种装置进行了几次试验。遗憾的是，试验结果的资料没有保存下来，但这毕竟是现代滑翔机的第一台原型机。

上述两个事件分别是史上最早的无争议的旋翼机（直升机）试验和滑翔机试验。

抛锚的鸟与空中的蛇②

"风筝是一种被学者忽视的儿童玩具，它其实可以引发非常严肃的思考。"

这句话出自 18 世纪中叶著名的德国数学家莱昂纳

---

① 德国西南部历史地区。
② 即风筝。

德·欧拉[①]之口，他年仅 20 岁时就应邀前往俄罗斯科学院工作。欧拉有两位同时代人——著名的美国学者兼国务活动家本杰明·富兰克林和天才的俄罗斯学者 M.B. 罗蒙诺索夫，他们也同样高度评价了这种儿童玩具的价值，以及它能给科学带来的益处。

不错，富兰克林后来承认说，他用风筝做实验时总得找一群男孩儿围在身边，不然的话就会被人讥笑是在白白浪费时间。但我们都知道，正是这些实验首次证明了我们的大气中存在电荷。

凡是放过风筝的人（有谁没放过风筝呢？）都很清楚，在某些大气条件下，可以让风筝稳稳地停在空中而不用拉动绳索。也就是说，这种情况下的风筝是真的在飞行。有的时候，断线的风筝并不是"翻着跟头"一级级坠落下来，而是平稳地沿着倾斜的轨道降落：它在滑翔，就像一只平展着翅膀从屋顶飞落到地面的鸽子。

上述例子充分反映了滑翔（无发动机）和飞机飞行（有自动力）的本质。风筝是一种与地面相连的滑翔机，或者说是抛锚的飞机：它是靠着逆风产生的空气阻力来上升

---

① 莱昂纳德·欧拉（1707～1783），瑞士数学家、物理学家，对现代科学的发展有卓越贡献。

的。飞机则是一种自由的风筝；它能给自己制造"风"（螺旋桨发动机的牵引力），万一这股"风"停止的话，飞机就会变成下降的滑翔机：它像某些情况下的风筝一样滑翔。

飞机从何而来

在不计其数的早期带翼装置中，有些装置的翅膀不仅能"拍动"——也就是上下运动，还能在不动的平展状态下将飞行员"托起"。只是由于资料匮乏外加描述不清（人人都想把自己的发明保密），历史才没能保留下关于第一批真正的"滑翔飞行员"的确切资料。

最早对现代飞机作了完整而又极具洞见的描述的，是著名的英国数学家乔治·凯利（1809年）。他指出了倾斜的薄片在快速运动时会产生空气阻力，这种阻力又会创造出上升力，还指出发动机带动螺旋桨旋转会产生牵引力，甚至还提出了与风筝的尾巴作用相同——也就是起稳定器作用的机尾（参见图 2-10、图 2-11）。不仅如此，他还用滑翔机做了一些应用性的实验，可惜相关资料没有保存下来。

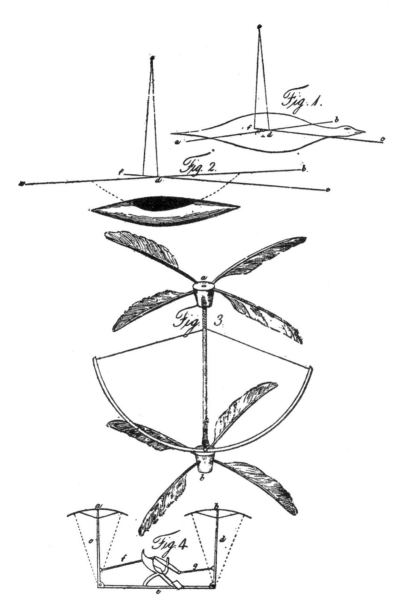

图2-10　乔治·凯利论文中的飞机示意图，上图部分：ab—支承面；C—空气阻力的中心；fg—尾翼。

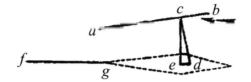

图2-11 凯利论文中的鸟类飞行示意图（1809）。ab—支承面，即翅膀；cd—运动方向；de—空气阻力，其方向与ab正交，可分解为垂直分力ef（支承力）与水平分力df（正面阻力）。

当年的欧洲开始沿着铁轨跑起了"大铁罐"，港口和海湾的帆船旁开始出现了轮船，蒸汽机自然也对寻找空中道路的发明家们产生了很大的诱惑。凯利描述的飞机于1842年开始投入实际建造，其设计者为凯利的同胞、英国机械师汉森。他成功设计的飞机（见图2-12）与现代的飞机具有很高的相似度：单层的张线式飞翼，掌状的机尾，甚至还有起飞滑行用的轮子。但如此庞大的飞机（翼展约40米）却给设计了一台功率弱得可笑的发动机——只有区区20马力（这样的飞机放到今天得有几台1000马力以上的发动机）。作为一个大胆而美丽的幻想，这个设计在西欧广受欢迎，发挥了一定的宣传鼓动作用。但奇怪的是，后来的人们却把凯利的著作给忘掉了；直到1874年，普法战争后的法国组建了"航空科学协会"之后，人们才重新想起了这些著作，且还以为它们是全新的发现呢。

汉森本人起初是单干，后来与才华横溢的机械师斯特

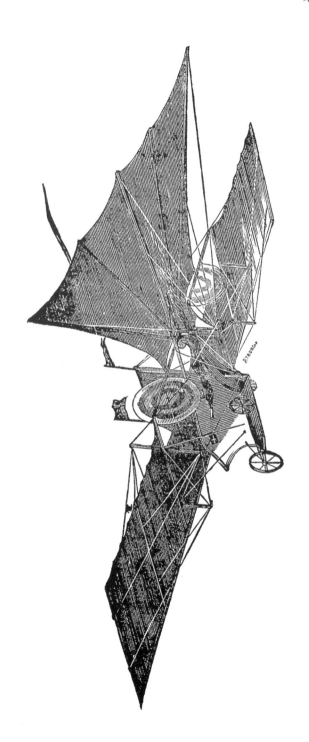

图2-12 汉森的飞机（1842年的设计）。机翼后方有两台单叶推进器。

林费罗合作，两人在 1845 年造出了一台飞机小模型，重13 千克，装有蒸汽机。然而，这台模型没能取得预期的成功，沮丧的发明家汉森便去美国了。而斯特林费罗到去世前（1883 年）都在继续建造蒸汽飞机，并在 1868 年的首届伦敦航空展上以轻型发动机的精妙设计荣获大奖。他甚至成功让一些模型飞了起来，但必须拴着绳子，因为这些模型都缺乏稳定性（其中一台三翼机直到今天都保存在华盛顿的博物馆里）。

与此同时，先在英国、后在法国出现了许多其他的发明家和设计师，设计了各种不同的飞机。但必须指出，当时"飞机"一词尚未流传开来，这个词最早是由法国人约瑟夫·普林发明的，用来指斜面（用现代的说法就是空气平面）飞行器的设计。在那之后又过了四分之一世纪，人们才开始用"飞机"来称呼现代所说的飞行器。

两位发明家与别人的发明

19 世纪中期，最早的飞机碰上了劲敌，那就是当年建造的第一批可控式气球——飞艇。不管设计师的才智有多厉害，当时的"机械鸟"顶多也就勉勉强强离开地面，而靠轻质气体抬升的飞艇好歹是能飞起来了。还有很多人觉得，航空的梦想只不过是个怪胎罢了。怎么可能乘着比空气重千百倍的装置在空气中升起来呢？

另外，可控式飞艇的软弱表现说明飞艇要与风对抗是极其困难的。这是不是因为飞艇太轻了呢？

这种想法又提出了相反的思路。

先从小事说起。

19世纪，一种叫"竹蜻蜓"或"螺旋器"（见图2-13）的玩具首次在法国流行开来，它为一名空中道路的探索者、巴黎人彭通·德·阿梅库尔提供了灵感，启发他利用这种

图2-13　竹蜻蜓：快速拉动绳子，螺旋桨便会高速旋转往上飞去。

螺旋（也就是垂直轴上的螺旋桨）来实现载人飞行。1860年，他把这种想法讲给儿时伙伴德·拉朗德尔听（此人当时已经快五十岁了）。拉朗德尔是个水手，曾长年在海上旅行，向往充满冒险和奇遇的自由生活，同时他也是一位知名作家，酷爱描写航海生活的日常和情景。他兴致勃勃地采纳了阿梅库尔的主意，本人也对飞行产生了兴趣，并用风筝做了一系列实验。

两位朋友热烈地讨论着，要怎么从机械直升机的小模型开始，通过实验一步步达成目标。他们跟工匠和机械师商量，与学者交谈，得到保证说根据计算能获得足够大的上升力。阿梅库尔为自己的直升机申请了专利，当他们造出了第一台发条式小模型，并在四分钟的运转中整整减少了……5克自重时，两人都欣喜若狂。其实这5克重量已经为他们注入了许多马力的新能量，何况这能量正是他们所急需的，因为当时已经有反对者开始讥笑了，说两位发明家是想抓着自己的头发把自己提起来，不过是白费功夫罢了。

阿梅库尔继续建造和试验其他模型，并取得了更大的成就。与此同时，拉朗德尔写了一部关于机械飞行的书，并用一个新词当作它的标题；这个词我们如今都很熟悉，但对于当时人来说却还非常陌生——那就是"航空"(法文：
aviacion)。书中有这样一段极具洞见的话，展望了这种新
事物的未来：

> "很快就会有各种用于客运和货运的飞船，会有飞
> 船用于沿海航行和远洋航行，会有舒适豪华的空中观
> 光列车，会有空中邮政，会有专门的飞船用来救援水
> 灾、扑救火灾、捕猎野兽……最终，各国都会成立航
> 空部，就像如今的大国都有海军部一样。"

这样的幻想岂不是正确预见到了六十年后的现实吗？
只是拉朗德尔太过迷信"圣螺旋桨"的威力了，他想象中
的未来飞船不过是桅杆上安着一串螺旋桨的"直升机"罢
了（见图 2-14）。作家儒勒·凡尔纳也是那个时代的人，

图2-14　德·拉朗德尔对飞船-直升机的设计（1861年）。

只要是凡尔纳作品的粉丝，都很容易在小说《征服者罗比尔》描述的"信天翁"号飞船上看到相似的影子（见图2-15）。

阿梅库尔满怀激情地工作了几个月，却意外地碰上了一件令人震撼的事情。和布兰沙尔的情况一样，也是由于一位天文学家的发言，但这个发言并不是反对阿梅库尔，恰恰相反，只是证实了他思路的正确性。

"最好的飞行方法是采用以下装置：两条向心的垂直轴上各安装一个螺旋桨，朝着不同的方向旋转，第三台螺旋桨用于水平推进，再来一个操纵舵用于转向。"1861年夏，天文学家里埃在《祖国报》上刊登出一篇长文，其中便有这样一段话。

"这可是我们的设计呀。这跟我们的直升机一模一样。"两位朋友紧张了起来……他们从亲朋好友处征集了许多签名，用来证明早在里埃的文章刊登之前，阿梅库尔和拉朗德尔已经开始实施这个项目，他们享有发明的首创权。

另外，也有人给两位朋友做了一场小讲座，告诉他们以下事实。早在16世纪，天才的莱昂纳多·达·芬奇就指出了利用直升螺旋桨来实现飞行的可能性。1768年，法国数学家帕乌克顿独立描述和研究了这种螺旋桨，将其命名为"带翼器"。稍晚又出现了洛诺阿和比恩维纽的玩具。

图2-15　儒勒·凡尔纳的小说《征服者罗比尔》中描述的
"信天翁"号飞船。

1809 年，英国数学家凯利描述了直升螺旋桨的性质。随后物理学家罗伯特森、意大利人维多利奥－萨尔塔（1823年）、法国人德拉图尔（1839 年）、英国人菲利普斯和布里（1842 年）、荷兰人范·海克（1842 年）等人也进行了类似的研究……几乎所有人都是对科学早已记载的东西进行"发明"和"重新发明"罢了。

"这么说来，我其实什么都没发明？"阿梅库尔灰心丧气了。

"别灰心，"拉朗德尔安慰他说，"早在挪亚方舟上就有了两台直升机，一台公，一台母。后面的直升机都是它们生的①……有什么好焦虑的。"

他费了许多时间去给朋友打气，说真正的创新者并不是在地里挖到宝贝的人，而是认识到宝贝的价值的人。没有了新的设计和完成的实验，谁也不会想起以前的设计。既然还有前进的余地，那就说明之前什么都没做出来。

稍稍振作的阿梅库尔开始着手建造新的直升机模型，这台模型装有蒸汽式发动机，做工非常精细，要仿造极其困难（整台模型的重量不到 3 千克）。然而，各种情况外加资金的匮乏都拖慢了工作进度。阿梅库尔又开始灰心了，

---

① 这里用了挪亚方舟的典故，参见《旧约·创世记》6:9 ～ 9:17。

然而就在这时，两位朋友又找到了第三位异常勤勉的同志。

此人便是菲利克斯·纳达尔。

儒勒·凡尔纳的主人公和他的宣言

纳达尔是个精力极其旺盛的人，他天性豪放，志向远大，兼有作家和演说家、画家和摄影家的天才（这在当年是很少见的），同时也是个滑翔机运动员。

1859年，正是他在索尔费里诺战役^①中，首次从气球上利用照相装置拍摄敌军的阵地。是他激发了朋友们的灵感，把一群支持飞行理想的同志团结起来，形成了一个名叫"比空气重"的小组织，并出版了最早的航空专业杂志《航空家》。是他认为气球飞行运动必将走向终结，并提出要制造一个容载40人的巨型气球"巨人号"，用它的飞行来庆祝这一事件。也正是他被天才的儒勒·凡尔纳写进书里，变成了勇敢地踏上登月之旅的米歇尔·阿尔丹（"纳达尔"和"阿尔丹"是相同字母的不同排列^②）。是他写

---

① 1859年法国−撒丁联军与奥地利军队在意大利北部索尔费里诺的交战，前者获胜。

② Nadal与Aldan。

就、出版并向"所有人！所有人！所有人！"分发了著名的《空中自动宣言》，其中鲜明地阐述了"比空气重"的基本思想纲领，还宣布对气球发起坚决的战争。

"要对抗空气，就必须有比空气大的比重。"

"要做空气的主人，而不是做它的玩具……为此就得像鸟一样，在空气中找到一个支撑，而不是成为空气的支撑。"

"既然放弃了气球这种简单的飘浮体，我们就得靠力学定律来取得成功：就像钻头钻进树干一样，螺旋桨也能把人送入大气……"

诚然，在那个时代的条件下，航空三人组并没有取得实际的成功。阿梅库尔的模型在实验中产生的上升力只有自重的1/4。《航空家》杂志只出了一期就停刊了（直到1868年才复刊）。而纳达尔本人描述得神乎其神的"巨人号"，所有的试飞都一败涂地，不但没取得预期的盈利，反而造成了严重的亏损。

不过，这群热忱者为发展航空而进行的广泛宣传，后来还是产生了巨大的好处，它撒下了最早的种子，后来正是在巴黎获得了最好的收成。

会飞的玩具

我们已经认识了两种飞得很成功的装置，而且它们自制起来都很容易。但要想得到最好的结果，就得采用其他的构造手段，让玩具看起来更匀称、更漂亮。读者朋友，你可能要怀疑了，装置的飞行能力与它是否好看有什么关系呢？其实这里有着密切的联系：凡是好的，整体上必然也是和谐的。难怪天才的莱昂纳多·达·芬奇说自己的木鸟"是因为太难看了才飞不起来"。

漂亮的飞行玩具出现于普法战争和巴黎公社之后。在巴黎围城期间，气球发挥了重要的作用，这就进一步刺激了公众对飞行问题的关注，结果使得不久前成立的"法国航空协会"的工作如火如荼地开展起来，重新举起了"比空气重"的大旗。

这个组织里有位研究者叫阿尔丰斯·佩诺，他在研究飞行模型时灵光乍现，想出了用普通的橡皮绳做发动机的办法。以前使用的蒸汽机要求极其精细的工艺，也有人使用钟表装置里的钢弹簧；相比之下，橡皮绳在各方面都要实用得多，不仅重量很轻，更兼造价低廉。这个简单的新发明一下就降低了工作的负担。

佩诺打算制造一个能模仿滑翔的模型，便于 1871 年用绢纸、羽毛和角质薄膜制作了两片轻盈的翅膀，把它们固定在中轴（也就是如今所说的"发动齿条"）的中间部分。取一台用硬纸制成双叶的轻型螺旋桨，安装在齿条的后端，再从后端牵引出一条橡皮筋，从齿条下穿过连到齿条的前端。这个绰号"滑翔机"的模型只有 18 克重，在 10 ～ 11 秒的时间里飞过了 34 ～ 40 米的距离。这是一次巨大的成功：尽管只是个小模型，但这毕竟是第一台能无争议地稳定在空中的飞机。

佩诺取得成功的奥秘在于：除了主要的机翼之外，他还给滑翔机的后端装了一对小翅膀。如今大家都很清楚，这对小翅膀是飞机的"机尾"，正是它们保障了飞行中的垂直稳定性。然而这在当年可是个意想不到的发现。不错，英国人凯利早在 60 年前就提到过机尾，但他的话被人们忘记了。而佩诺在故纸堆中把凯利的研究翻了出来，便首次把这个重要的"器官"安装在自己的模型上，立刻大获成功。这也就是法国人急着把"佩诺机尾"这个术语定下来的缘故。遗憾的是，在接下来的很长时间里，人们依然觉得这个机尾是可有可无的。

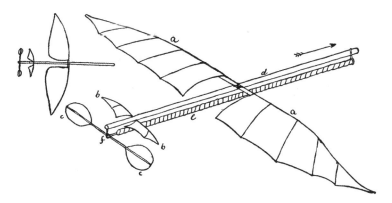

图2-16　佩诺制作的第一台能飞行的飞机模型（1871年）。
模型的翼展为45厘米。

利用自己的两个新发明，也就是橡皮筋发动机和机尾，佩诺在一年后又造出了一台会飞的扑翼式模型。随后其他研究者也开始制造类似的玩具。出现了各种各样的"鸟儿"和"蝴蝶"，从构造上看已经相当美丽，且飞得很好又成本低廉，因此这些玩具开始流行开来，首先是在法国，随后又传到其他国家。

图2-17　丹德里约的蝴蝶式直升机（左、中）；
普林的蝴蝶式滑翔机（右）。

实验室里的鸟儿

1840 年，法国学者纳维耶院士基于自己的计算公布了一项轰动一时的发现。他说 13 只燕子合起来拥有一匹马的力量！你想想看，一只这么小巧的鸟儿，身上的力气竟然跟人差不多大！纳维耶的错误在于，他用了一条错误的公式来计算空气阻力的大小——这条公式最早是由牛顿提出的，但那只是理论，而没有经过检验。后来人们又做了一些实验工作，对公式进行了各种修改，旨在令理论与实验相符合，让公式更接近实际情况。

对飞行玩具的研究也有着相同的目的，尽管有些玩具初看下显得十分轻率。在研究玩具的同时，"法国航空协会"在主席居罗·德·维伦纽夫的领导下，对鸟类和昆虫的飞行展开了积极的研究。在马雷教授的提议下，协会首次采用了一种新的研究方法，能够测定活体生物在飞行中所做的功。他们有一种能在 1 秒内进行 50 次瞬间拍摄的专用相机，由此确定鸟类和昆虫的翅膀等器官在飞行过程中的位置。与此同时，实验室里还有一套特殊的装置，由极为精细而巧妙的拉杆和仪器组成，能跟套马似的把鸟套起来，

图2-18 飞行中的鸟儿。

从而测量它飞行时所做的功。对比两种方法获得的结果，人们便获得了更加珍贵的资料，能在建造"机械鸟"的计算中派上用场。

不知疲倦的佩诺又发表了一系列关于航空的研究结果，并在 1875 年末得出了自己的结论：

"航空的问题原则上有三条解决途径：直升机、飞机和拍打翅膀的机械鸟（用现代的术语说就是'扑翼机'）。稳定性、浮空和牵引力的基本问题已经得到了阐明。真正的飞行理论也已经知晓。展示（用模型）也已经做过了。现在必须把橡皮筋发动机换成具有足够强大而持久的工作能力的热力机。不管是整体上还是细节上，都必须令飞行器具有能载人的形状。还得为飞行器安装在空中飞行的部件和降落的部件。"

佩诺是个实干家，马上就设计了一台安装蒸汽机的飞机，并与机械师何肖一起投入建造……可惜呀！现实中碰到的困难还多得很呢。佩诺花了四年时间去克服各种障碍，结果只是从满心希望变得越来越怀疑。到了最后，他承认自己无力克服这些困难，便在绝望中自尽了。

当时的飞机技术还远远不够成熟。

"早产儿"的历史资料

航空领域的研究首先在英国兴起，随后又在法国得到发展，到了 19 世纪的最后 25 年里又传到了其他国家，且一年比一年兴盛。

在巴黎，斯皮内利、何肖、诺贝尔、普林、丹德里约、阿德尔和皮尚库尔等人都试验了能飞行的模型，马雷教授的同事维克多·塔滕在 1879 年建造了一台重达 2 千克的单翼机（装有利用压缩空气驱动的发动机）。与此同时，英国的布朗与佩迪格鲁、曾在俄罗斯工作的奥地利工程师 V. 克雷斯、澳大利亚的哈格雷夫（第一位制作箱形风筝的设计师）和美国的朗格里教授都取得了类似的成就。最后这位朗格里教授的研究特别重要，因为他还做了系统的空气动力学实验（1891 年之前），用来确定空气阻力的大小以及各种物体在空气中呈现出的性质。V. 塔滕设计了一台重 33 千克的蒸汽小飞机，在 1890 年和 1897 年的两次实验中飞了 100 米左右便翻倒在地，而朗格里设计的类似的单翼机在 1896 年完成了几次非常成功的飞行，其中最后一次持续了 1 分 45 秒，飞行距离 1600 米；这台装置的翼展有 4 米多，重

12.5 千克，其蒸汽发动机的功率约为 1 马力。

之所以没法取得成功，是因为没有足够轻的发动机，更重要的是当时根本就没研究过飞机在空中悬浮的条件，特别是维持稳定的条件。小模型和发动机还能在静止的空气中飞行一小段时间，而不需要严格地满足稳定性的要求。但这对大飞机来说就行不通了；在 20 世纪初之前，这些飞机最好的表现也就是离开地面而已：一方面是飞机本身很不稳定；另一方面是连设计师本人都完全不会操纵，剩下的自然只能看运气了。

但也必须指出，除了飞机之外，人们在这 25 年里也试验了许多其他类型的装置。举几个例子，法国的波美和德·拉波耶（1871 年）、意大利工程师弗拉尼尼（1877 年）、法国发明家卡斯特尔（1879 年）和俄罗斯工程师梅里科夫（1879 年）等人都研究过直升机，而居罗·德·维伦纽夫（1871～1887）、比利时的格罗夫（在 1874 年试验自己的机器时不幸遇难）和后来的法国人特鲁维（1891），以及德国的维尔纳尔（1893 年以来）和施坦采尔（1891）——这些人都是扑翼机的拥护者。飞机的优势直到 19 世纪末才确立起来，但也没稳固到能停止其他方向的尝试的程度。

在 19 世纪 90 年代建造的飞机中，最出色的是阿德尔

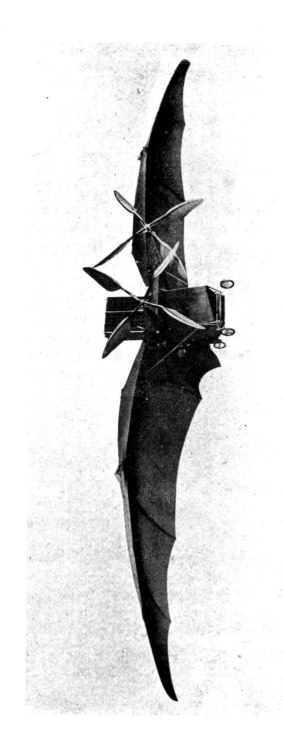

图2-19 法国工程师阿德尔设计的飞机，名为"阿维昂"。这台机器是照着蝙蝠的样子建造的，有两片折叠式机翼，两台20马力的蒸汽机和两个推进器。尽管没有机尾，"阿维昂"还是在阿德尔的操纵下于1897年10月14日完成了约300米的飞行。如今法国人把所有的军用飞机都称作"阿维昂"（avion）。

的单翼机和马克沁的巨型六翼机（有六片翅膀的飞机，我们下面还会谈到此人）。但就算是这些最优秀的"鸟儿"也无疑是超越了时代的"早产儿"。

枪王与家鹅

英国人海勒姆·马克沁是举世闻名的"枪王"和机枪设计师，但他在航空学上也留下了自己的名字。

"1887年有人问我，"他在《自然飞行与人工飞行》一书中写道，"你觉得有没有可能造出飞行器呢？我回答说当然了！连家鹅都会飞，人凭什么就不能飞呢？"

就在两年之后，为了与人畜无害的家鹅竞争，马克沁开始了复杂的准备工作，预计整个工作要持续几年时间，投入的资金相当于今天的50万卢布。马克沁和朗格里教授一样，也是从空气动力学的实验室研究入手：他开始确定不同物体的空气阻力系数，并研究各种螺旋桨（推进器）、机翼等部件的性质。与此同时，他又对木头、布料、钢管等各种材料的机械性质和技术性质进行了测试，为的是找到最适合用来制作飞机的材料。

研究了鸟类的飞行过程，熟悉了风筝的飞行方式，马克沁打定主意要建造飞机。可当年还没有靠谱的汽油机呢，于是他决定采用自己设计的轻型蒸汽机。并且他正确地考虑到，建造大型飞机才是最有利的，因为飞机一大，发动机就相对较轻了（也就是说，每马力功率所承担的比重较小）。因此他开始建造一台具有 6 排支承面的巨型机器，高度约有三层楼高，安有两台 150 ～ 200 马力的蒸汽机，每台发动机负责转动一台双翼螺旋桨，其直径有人类身高的三倍之多（参见图 2-20）。

马克沁在各国为自己的飞机挑选专利，最后选定了美国的专利局。然而，这里面发生了一件有趣的事情，再次证明了当年要从事飞行问题的研究是多么困难，哪怕是百万富翁

图2-20　马克沁的巨型飞机（1893年）。

也难以胜任。美国法律规定，申请专利时必须提供专利对象或装置的运作模型。马克沁同样面临着这条要求。

"这可不成，"这位设计师提出抗议，"我的机器只有完成后，也就是在正常大小下才能飞。它的小模型是飞不起来的。"

"既然如此，"专利局回应说，"请您做一台正常大小的机器寄给我们吧。"

"正常大小？您在说什么傻话呢？要想飞起来，我的飞机就必须搭载至少 3 名乘员和一台 300 马力的发动机；这样的飞机长 30 米，宽 31 米，高 10 米，重 2171 千克[①]。您怎么能让我把它从伦敦邮寄到华盛顿呢？"

"我们可没说要邮寄。您直接开这台机器飞过来吧。"

就这样，马克沁最终也没能拿到美国的专利……可以推测，他其实也不需要这个专利，而他顺利申请到的其他专利也毫无用处，因为他的飞机本来也没人去效仿。

马克沁的机器在 1893 年进行了试验。这台飞机有许多轮子支撑在地面的轨道上，顶上也有几条轨道，万一飞机飞得过于"兴奋"便能防止它升得太高。在最初几次尝试中，飞机只是略微抬了几下，且还不是所有轮子都离开了地面……但在最后一次试飞时，由于锅炉里已经形成了较

---

① 130多磅——相当于一台轻型火炮。——原注

大的压力，整个飞机终于脱离下轨腾空而起，在空中冲刺了一段距离，弄坏了上轨的一个滑轮，随后发动机也停摆了，飞机重重地坠落在地，本身也受了一点损坏。

尽管马克沁非常富有，但他也不想在后续实验上烧钱了。他原本打算让懵懂无知的家鹅蒙羞，结果为此付出了如此高昂的代价，计划就这样被搁置了起来。

尽管零件的质量都很高，"枪王"的飞机还是有个根本的缺陷：与阿德尔的"蝙蝠"相似，这台飞机同样没有"佩诺机尾"，这导致它在空中维持不了哪怕一分钟，其他方面十全十美也无济于事。除此之外，这台机器奇大无比，没有航空实践经验的人根本操纵不来（尽管马克沁已经为此从巴黎请来了当时著名的机械师、运动员德朗贝尔）。

到了 1908 年夏，当法国人的飞机首次开始成功飞行时，马克沁再次提到了家鹅：

"家鹅体重约 6 千克，根据已完成的计算，其在飞行中消耗的功率约为 1/12 马力，也就是和人的功率差不多。这对家鹅来说大概还挺不错。但目前我们已经能制造功率相当于 10 个人也就是 1 马力的发动机了，而它的重量比 1 只喂肥的鹅还要轻。由此可见，只要能造出不会无端浪费大量能源的飞机，问题就能得到解决。"

这么说倒也没错……然而，除了能量来源的问题之外，设计师还得先熟悉无动力装置的飞行方式。在那之前，不管是什么百万富翁和什么机器，都无法取得像样的成绩，哪怕是跟家鹅比也不值一提。

奥秘何在？

要想更好地理解 20 世纪前航空事业发展的状况，我们可以听听当年的航空先驱对这个问题的亲口回复。

当被问起飞行失败的原因时，朗格里教授是这样回答的："可能是因为人们本末倒置了，还没熟悉作为飞行基础的规律，就开始尝试制造飞行的机器。"如前所述，这种想法令朗格里走上了实验室研究的道路，以求揭开空气动力学中隐藏的规律。

"小型飞行模型试验的好处不多，因为它们的飞行时间很短，且几乎不可能保持稳定。因此，基于这种方法的观测并没有多大的意义。"这是奥托·李林塔尔（下文还会提到）在 1895 年的论文中发表的意见。出于这个原因，他走上了一条独立的道路——实验飞行的道路。

而建造出最早的实用飞机的莱特兄弟，他们走的是李林塔尔的道路，曾做出这样的回应："想要建造脆弱又昂贵、不管是谁都操纵不来的飞机，这种想法在我们看来简直荒唐透顶。"

在操纵从未见过的机械轮船下海之前，得先学会控制简单的小木船。道理还不清楚吗？然而，大部分发明家的做法都跟这条看似不证自明的真理背道而驰，哪怕是其中最严肃认真的也不例外。

至于发动机的问题嘛，实际上已经是次要问题了。当年的发动机沉重又不可靠，这自然是加大了建造飞行器的难度。但学飞其实并不需要发动机：要在实践中开始熟悉飞行，没有发动机也是完全可以的，甚至本该在没有发动机的条件下进行。

鹳鸟教给人什么？[1]

1890 年 5 月一个阳光明媚的日子，尽管天气大好，策伦多夫[2]有位守田人的心情却依然阴郁。

---

[1] 本节选自德语文集 *Die Eroberung der Luft*，作者为德国科幻作家汉斯·多米尼克。——原注

[2] 策伦多夫为柏林城郊地区。——原注

已经整整一星期了，他都在追踪一个可疑的目标，那人无疑是在搞非法狩猎，而且脑子还不太好使。换作真正的偷猎者，都晓得要把猎枪藏在林子里，或把它折起来用衣服遮住。而那人却背着一杆粗粗的猎枪，大摇大摆地在田里乱晃。他用的无疑是某种新型猎枪，因为枪托和枪管之间装着一个有模有样的转筒，就像左轮手枪一样。

嫌疑人背着枪在泰尔托一带晃悠。可以看出，他特别感兴趣的是静静的别哈河谷，天天都来这片风景优美的沼泽地带打破宁静。最常见的情况是，他小心翼翼地躲在河谷边缘的矮松树后。等沼泽的野禽开始对他见怪不怪，当年还大群栖息于策伦多夫附近的鹳鸟落到谷里捕捉青蛙时，陌生人才开始显出生命的迹象。他把枪托举到腮帮子旁，仔细地瞄准落地或重新起飞的鹳鸟……

守田人一直盯着他，目睹这一切后却怎么都搞不懂。如果陌生人想射杀鹳鸟，他为什么不趁鹳鸟在沼泽里慢慢踱步时开枪？最大的问题是，为什么他始终都没开枪，而只是用指头按着那把古怪的猎枪的扳机？他离开了埋伏的地点，又在沼泽里混了整整一个上午。

守田人实在忍不住了。他从灌木丛后现身，问那奇怪的陌生人叫什么名字，又是什么人。

陌生人自我介绍："我叫奥托马尔·安许茨，是照相师。"

"你拿着枪在这儿干吗呢？"守田人盘问道。

对此照相师回答说，他拿着的不是真正的猎枪，而是一台照相装置，并且可以在一秒内对任何物体进行 20 次拍摄。为了证明这一点，他从口袋里掏出一摞照片，上面都是在空中飞翔的鹳鸟，但姿势都是从未见过的奇怪姿势。随后古怪的照相师从肩上取下"猎枪"，拆下转轮给守田人看，枪管里的确装着一片两面凸的玻璃……

不管怎么看，这台装置都不是用来射击的；守田人尽管心里不乐意，也只好任照相师去自由行动了……

当年在柏林近郊的施特格利茨住着个"怪人"，在好邻居的眼里也是有点傻里傻气。

此人是个工程师，名叫奥托·李林塔尔，也是位个性非常独特的实干家和发明家。李林塔尔发明过各种小玩意儿，取得了不少专利，由此获得了相当可观的收入。与他同住在安静的城郊街区的邻居们甚至觉得，要是他对发明和设计工作更努力点，对自己的事业更上心点的话，他本来可以就此发家致富的。

遗憾的是（在这些邻居看来），李林塔尔的脑子有点毛

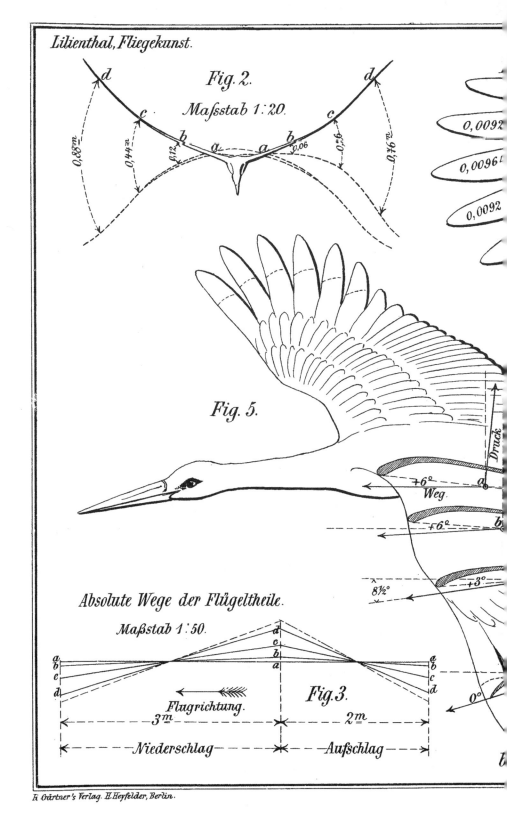

Fig. 2.

Maßstab 1:20.

d

c

b

a

a

b

c

d

0,88ᵐ

0,44ᵐ

0,12ᵐ

0,06

0,46ᵐ

0,92ᵐ

0,0092

0,0096

0,0092

Fig. 5.

Druck.

+6°
Weg.

a

+6°

b

8½°

+3°

Absolute Wege der Flügeltheile.

Maßstab 1:50.

a
b
c
d

d
c
b
a

a
b
c
d

Flugrichtung.

Fig. 3.

3ᵐ

2ᵐ

0°

← — Niederschlag — — → ← — Aufschlag — — →

b

F. Gärtner's Verlag. H. Heyfelder, Berlin.

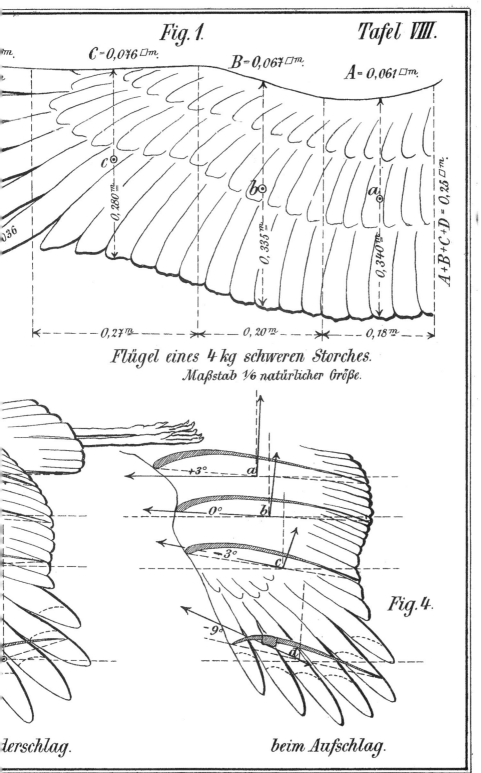

图2-21 李林塔尔在《以鸟类飞行力学为基础的飞行研究》
（1889 年）中绘制的白鹳飞行受力图。

病。他受一种古怪的念头支配，竟然想学鸟儿一样飞翔。他把所有空闲时间都用来实现这个梦想，而不是照着其他好市民的示范，去照顾家庭和积攒财富。

有一回，李林塔尔偶然拿到了奥托马尔·安许茨拍摄的鹳鸟照片；那些善良的施特格利茨居民都说，这让他变得更加无可救药了。

自那之后，李林塔尔的飞行梦变得更坚定了。如果说以前他还偶尔会产生怀疑，那么如今看到照片后，他便对自己的科学探索得出的结论坚信不疑了。

这些照片有力地向他证明，空中是可以进行滑翔的，也就是说，飞行装置移动和上升所需的功并不由它自己产生，而是由空气来提供。

在安许茨的照片中可以清楚地观察到，这些沉重的大鸟站在草地上，平展着双翼迎风而立；它们身体下倾，爪子后蹬；很明显是在一阵强风的帮助下（遗憾的是，这在照片上是记录不到的）它们突然离开地面，腾空而起，翅膀却没有任何动作。

鸟类都能做得这么好的事情，人类又凭什么做不到呢。

怀着这种坚定的信念，奥托·李林塔尔早在 1890 年就开始进行试验了。他用轻盈但极为坚韧的竹子制作了一双翅膀，上面包裹着一层麻布。类似的事情在他之前就有很多人试过了，但那些尝试的产物最终都变成了降落伞。就连李林塔尔也面临着不少辛酸的失败。

他在施特格利茨附近的山上找了一座高 5 米的棚子，从棚顶上开始了自己的试验。李林塔尔身强力壮，受过各种运动的锻炼，他用手抓住两片翅膀中间的竹框，走到棚顶边缘，像鹳鸟一样面朝风吹来的方向，一头扎进了迎面的气流中。

结果却掉下去了……

他像石头一样直直坠落——幸好翅膀起了降落伞的作用，才减缓了坠落的速度。他就这样栽倒在棚子墙边的地面上。

这样的开始不能说是特别振奋人心。但奥托·李林塔尔并不是那种一次乃至一百次失败就会改变既定目标的人。自从 1890 年的首次尝试之后，他就全身心投入了飞行事业中。他把所有的空闲时间都用来练习，一次又一次地迎风跳跃。到了晚上，他就加固和修理自己的飞行装置。除此之外，以多次练习积累起来的经验为基础，并参考安许茨的照片，他还提出了一整套依靠固定翼进行无动力飞行的科学理论。

图2-22　李林塔尔正在试验自己设计的滑翔机。

奥托·李林塔尔与鸟的技艺

奥托·李林塔尔是一位优秀的理论家，他懂得如何定下一系列小任务，将其逐步解决而通向最终的目标；同时他又是一位杰出的实验者，凡是自己通过理论研究得出的结论，都要经过充分的实验验证。他与当时的其他研究者不同，既不搞飞行模型的试验，也不建造成品飞机，而是先"一点一点地慢慢学习鸟的技艺"（这是他的追随者沙尼特后来的说法）。正是这个缘故，李林塔尔的试验在当时几乎没引起什么人的注意，实际上却在航空史中发挥了极其重要的作用，令他成为当之无愧的"现代航空学的奠基人"[①]。

李林塔尔花了四年时间在施特格利茨练习开滑翔机，最后终于能进行真正的滑翔了，还掌握了"鸟的技艺"中最基本的诀窍：通过改变自身的倾斜方向（也就是平衡状

---

① 在李林塔尔之前，由于时代条件的限制，个别的滑翔机试验都毫无进展。凯利的试验（参见前文）没有留下记录。1857～1867年，法国有位海员勒布里做了几次试验：他的装置是按着信天翁的样子做成的，靠马力牵引后成功起飞。还有个法国人穆伊亚尔在1851～1881年做了些滑翔试验。——原注

态）在空气中保持平衡，并及时摆脱不稳定的姿势。同时他也完善了自己的滑翔机，为它装上了机尾和垂直安定面（参见图 2-23）。随后李林塔尔把实验地点换到了格罗斯 - 利特菲尔德。他在那里造了一座高 15 米的人工山丘，四面都是开阔地带，不管是吹什么方向的风都能进行试验。到了这里，滑翔机也变了个新模样：翅膀加了一重，也就是变成了双翼机。这使得飞机的支承面更大、翼展更小，令它的构造更加坚固了。

靠着新的滑翔机，李林塔尔已经能乘着 7 ～ 8m/s 的风滑翔了，飞行距离最多可达 100 米（如今我们有了很好的"无动力飞机"，但滑翔机飞行员们都很清楚，要做到这一点并不是什么简单的事情）。

又过了两年，李林塔尔开始学习下一个"鸟类课程"，他把试验地点转移到诺伊施塔特附近的李恩山区，开始从高达 80 米的山丘练习滑翔。他学会了在空中转身，甚至能升到比起飞点还高的地方，靠的都是拉动滑翔机的翅膀末端和机尾（滑翔机上没有方向舵）。他创造了时长 30 秒、距离 400 米的飞行纪录。他已经打算在滑翔机上安装辅助发动机了……

可命运却未能让他如愿。

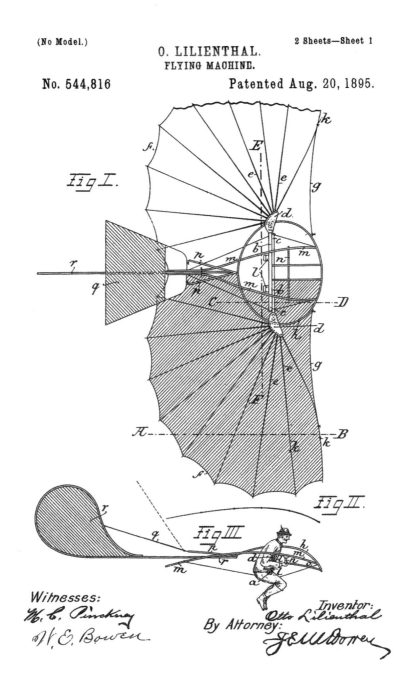

图2-23　李林塔尔于1895年设计的滑翔飞行器专利图。

1896 年 8 月 12 日，奥托·李林塔尔在飞行中发生了颠覆——应该是突然碰到大风的缘故……他跌到地上时摔伤了脊椎，当天晚上就去世了。

人们在事故现场为他建了一座纪念碑，1926 年又在利特菲尔德建了另一座纪念碑来纪念他的功绩。

用什么代替鸟的直觉

据说，李林塔尔临终前留下了一句遗言："我没有鸟的直觉，猜不透风会怎么刮。"

这句话可以说是他给后人留下的委托：让飞行员找到一种方式，用来代替他们所缺乏的鸟的直觉。这个任务可不简单，尽管通往解决的路程不长，却还是多次染上了实验者的鲜血。

李林塔尔派较早的继承人之一、英国海事工程师皮尔彻同样是死于飞机坠落——很明显是因为滑翔机在空中发生了故障。他从 1894 年开始试验，对滑翔机做了一些完善，并掌握了相当熟练的飞行技巧，却在 1899 年表演给熟人看的一次试验中轻视了恶劣的天气状况，为此付出了生命的代价。

这第二次失事给"鸟的技艺"的某些继承人泼了一盆冷水，特别是在德国和英国。然而在那些年里，人类满脑子都是飞行的想法，不可能不在其他国家得到响应。事实的确如此：只要了解历史就不难猜到，最合适发展航空事业的土壤还是在法国和美国①。

不错，由于德法两国政治敌对的缘故，法国人对来自德国的一切事物都满怀疑虑。他们坚持说李林塔尔只是个"跳伞的"，要么就根本不提他的名字。尽管如此，当地还是出现了一位酷爱航空的"飞行狂人"，决定沿着李林塔尔的道路走下去。此人便是炮兵大尉 F. 菲伯尔。他的航空事业也是从失败开始的（1899 ～ 1900）："我就像是个野蛮人，拿到一辆自行车却不知道怎么用。"直到 1901 年，菲伯尔从美国的沙尼特那里得到了充分的指导，此后才取得了最初的成功。

直接继承了"鸟的技艺"的后续研究的，是我们前面提到过的沙尼特教授。沙尼特自 19 世纪 70 年代以来就一直研究机械飞行的问题，他深刻理解到了李林塔尔的方法

---

① 　其他国家也有人对飞行感兴趣，但没有取得发展。在李林塔尔生前，俄罗斯航空学的奠基人茹科夫斯基教授（1847～1921）、法国人朗贝尔和尼姆富尔都直接从他那里获得过滑翔机。——原注

的重要性，便不顾自己已是垂暮之年，在李林塔尔生前就着手组织类似的飞行试验。1895 年，65 岁的沙尼特开始建造各种类型的滑翔机，并指导两名年轻的助手（亨利希和埃维里）进行了多次试飞。

"飞行装置的稳定性是最重要的问题，应在采用机械发动机之前就加以解决……与之前十二年间的理论工作相比，单是 1896 年一个月的滑翔机工作就让我获得了更丰富的经验。"这便是沙尼特的个人评论。

不过，李林塔尔本人是不是也操心过稳定性的问题呢？

是的。只不过李林塔尔是从模仿鸟类开始，自然不可能一下子就彻底解决这个问题。不管是靠自己的身体来平衡还是维持飞行稳定的一般方法，这些方法都不够可靠；还得有别的手段才行。沙尼特便开始在结构本身寻找这种手段，试图让滑翔机获得天然的稳定性（目前说的只是垂直稳定性）。他尝试过各种方法，建造过多层机翼（多达 6 排）的滑翔机，制作了支承面支柱之间的铰接头和飞机后部的可弯曲部件。最终他决定采用双层矩形机翼，类似哈格雷夫的箱型风筝，后面有一个"箭羽"似的十字形机尾（见图 2-24）。著名的"佩诺机尾"在这儿也帮上了大忙：

图2-24　美国的沙尼特教授的滑翔机：箱型，双翼，有支柱和十字形机尾（1901年）。

滑翔机本身变得足够稳定了（垂直稳定）。

1902～1903年，在沙尼特的指导下，人们用这种滑翔机完成了约700次飞行，没发生过一起事故。然而当时有另外两名美国人，也就是曾向沙尼特学习的莱特兄弟，在这条道路上已经走得更远了，而心满意足的沙尼特却放下了手头的试验……沙尼特之所以能名留史册，是因为他首次在实践中证明，机械鸟的"直觉"应该是它的自然稳定性。

沙尼特成功等到了航空取得完全胜利的那一天，1910年去世，享年80岁。

飞行家？还是骗子？[①]

李林塔尔失事的惨剧在两位美国人身上也引发了强烈的反应，他们便是生活在代顿市，在自家的单车作坊中默默工作的莱特兄弟。兄弟俩学习了朗格里、马克沁和沙尼特的著作等相关文献，便决定同样投身于"鸟的技艺"，但他们并不打算走马克沁和朗格里的路子。

"李林塔尔派之所以能深深吸引我们，"他们后来写道，"靠的是这些飞行使徒异乎寻常的热忱，他们将固定翼飞行的全部魅力都描写了出来。"

起初，莱特兄弟拜沙尼特教授为师，在他的指导下对滑翔事业有了个初步了解。自1900年起，他们在大西洋沿岸的基蒂霍克沙丘隐居下来，在那里开始了风险自负、恐惧自担的实验，随后又对滑翔机的结构进行了彻底改造。1901年夏，沙尼特教授拜访了他们，详细了解了他们的试验，并与兄弟俩分享了自己的经验。他诚心诚意地承认：从结果上看，莱特兄弟的成就已经超过了其他滑翔机研究

---

① 在俄语中，"飞行家"（летун）和"骗子"（лгун）的书写和发音都很接近。

图2-25 莱特兄弟的滑翔机，安装有三种操纵舵。

者取得的全部成果。

两人的试验又持续了两年。试验结果如何，谁也不清楚。有传闻说兄弟俩进行了大量的练习，甚至在飞机上安装了发动机。然而在 1904 年初，两位守口如瓶的美国人打点好行装，又回到了故乡代顿市。

同年春夏，莱特兄弟在距离市区 16 公里的一个偏僻地方重新开始了试验。到了 8 月，由于传闻说兄弟俩已经乘着发动机飞行了，两人进行试验的田野上开始聚来许多好奇的人，特别是记者和照相师。发明家兄弟俩却跟没事人似的，什么都不给别人看，面对媒体人士则衷心地表示歉意："天气不合适……刮风……发动机不听使唤……"

美国的媒体安分了下来……当时还很少有人懂得"飞机"和"热气球"的意思，而报纸已经在大肆宣传法国的"勒博迪"号热气球（其实是飞艇）取得的成功了：在整个巴黎的注视下，这个气球在城市上空飞了整整一个小时还不止。而默默无闻的莱特兄弟呢，天晓得乘着什么玩意儿在搞着只能持续几分钟的可疑飞行，这里头又有什么值得关注的呢？

又过了一年，1905 年秋的代顿市又开始出现流言——据目击者称，莱特兄弟在连着两三天的时间里每天都持续飞行半个小时。但人们没能验证这些流言是真是假：两名飞行家突然停止了试验，紧紧地关上了棚子的大门，甚至把机器都收进了箱子里。不错，代顿报的编辑部在这些天里成功取得了莱特机器的草图，但经过兄弟俩的争取，这张草图并未公开登报。这样一来，全美国的媒体对莱特兄弟几乎是只字不提。至于欧洲各国嘛，那里大概只有一个人相信代顿市附近发生的事情：此人便是由沙尼特处得到消息的法国大尉菲伯尔。

菲伯尔甚至打算组织一场运动，帮莱特兄弟吸引公众的关注，以确保之后能为法国争取到飞机的专利权。可谁都不相信菲伯尔的话，就连他的朋友也表示怀疑："美国人的谣言""虚张声势"——大家都这么说。在最温和的情况下，也有人写了几篇以"飞行家还是骗子？"为主题的文章讽刺莱特兄弟。

到了 1905 年末，巴黎人收到了莱特兄弟的来信，信中讲述了两人在 10 月 3～5 日进行的时长 25 分钟、33 分钟和 38 分钟的三次飞行，提议以一百万法郎的价格出售这台飞机，并保证在交货前实现距离 50 千米的飞行。但就算到了这种时候，依然没人信任这两位美国人，菲伯尔四处奔走，寻求资本家的支持，结果却是一无所获。巴黎的汽车杂志《L'Auto》有位编辑还专门派人去代顿澄清莱特兄弟的真相，特派员从美国带回了有利的消息，还有保存在代顿报编辑部的飞机草图为证；但就连这样也无济于事。

这其实也没错。当年的整个欧洲乃至当之无愧的"空中王国"首都巴黎，都没有哪怕一架能飞行一分钟的飞机，而这两个"飞行的美国人"[1]许下的闻所未闻的诺言，又凭什么值得人们的信任呢？

---

[1]　这里仿用了一个著名的欧洲传说"飞行的荷兰人"，相传是一艘永世漂泊、不得靠岸的幽灵船。

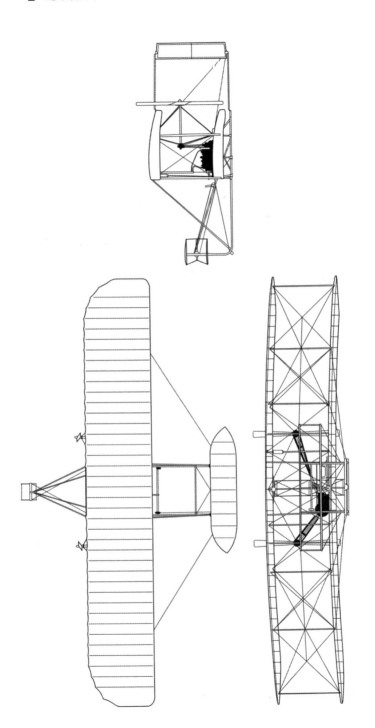

图2-26 莱特兄弟的飞机三视图。

马的力气，鸟的心脏

19 世纪末，新型机械发动机的建造取得了长足进展，以后它们还将在各种固定设备和交通工具的发展中发挥特别重要的作用。这些发动机是柴油机或汽油机，也就是所谓内燃机，其气缸中充满了柴油蒸汽或汽油蒸汽与空气的混合物，通过加热混合物引发连续快速"爆炸"来提供动力[①]。

随着这些发动机逐渐得到完善，汽车运动也随之发展起来，西欧各国的首都出现了许多社会组织，即"汽车俱乐部"或"航空俱乐部"，它们不仅从事体育运动方面的工作，还进行科技性质的研究。

空中运动（当年还只有热气球）的爱好者开始更积极地发展自己的活动，这是因为他们期待内燃机能发挥巨大的作用，把普通的热气球变成可操纵的气球，并帮助解决机械飞行中的一些问题。

---

① 这种类型的发动机最早是由法国人勒努瓦在1864年设计建造的。德国工程师戴姆勒和本茨在1883～1884年极大地完善了汽油发动机，随后便出现了最早的机械马车、摩托车和机械船。——原注

与其他类型的发动机相比，内燃机最大的优势是轻便。它跟蒸汽机不一样，既不需要烧水的锅炉，也不需要木柴或煤炭，此外也不利用电能，用不着沉重的蓄电池。汽油本身的重量很轻（平均比重为水的 70%），而爆燃混合物中所用的空气自然是直接从大气取得。这样一来，发动机的相对重量（也就是 1 马力功率平摊到的重量）就大大减少了。

在蒸汽机或电动机上，1 马力的功率需承担数十千克乃至上百千克的重量，而汽车的内燃机可以提供每马力 10 ～ 20 千克的相对承重，飞机的内燃机还有进一步降低重量的可能性。

换句话说，自 20 世纪初以来，相同重量的发动机的功率开始飞速提升。

菲伯尔大尉甚至在这种提升中发现了一种进步的规律："如果说在 1903 年，100 千克的发动机能提供 6 马力的功率（布歇），次年是 12 马力（佩若），到了 1905 年已经有 24 马力了（安托瓦内特）。"也就是说，每年功率都会翻一番。

发动机是机械鸟的心脏。美国和法国建造的最早的飞机的"心脏"具有 20 ～ 50 马力的功率，重量为 100 ～ 150 千克。

在巴黎近郊的"飞机巢"中

19世纪20世纪之交，巴黎有群志同道合的人一起工作，他们要么对汽车感兴趣，要么对飞行感兴趣，要么就是二者都喜欢。这里面首先有几个热爱发明的人，他们如痴如醉地追求"通往天空之路"。例如，著名的飞行员兼运动员桑托斯－杜蒙、菲伯尔大尉、工程师布列里奥和布雷格，还有运动员兼天才宣传家、气球飞行员阿奇迪孔。随后是几名所谓"工会会员"，但他们对飞行的兴趣也丝毫不减：机械师G.伏瓦辛、赛车手法尔芒兄弟、画家德拉格朗日等。最后，这群人当中还有几名富有的运动员，例如，德伊奇－德－拉－缪尔特和德－拉－沃等，他们出钱充当竞赛的奖金，也发挥着一定的作用。

如前所述，菲伯尔是这个小组中最早走上李林塔尔道路的人。继前文所说的沙尼特教授之后，他在1902～1903年试验了莱特兄弟式的双翼无尾滑翔机，后来又给飞机装上了"佩诺机尾"。然而，菲伯尔还没充分掌握滑翔的技巧，就急着给飞机安上了发动机。他用一台只有6马力的发动机，在1905年对飞机进行了几次抬升试验，听闻莱特兄弟飞行成功之后，又与法国第一台航空发动机"安托瓦内特"的建造者、工程师勒瓦瓦肖结为伙伴。"安托瓦内特"协会起初建造的是单翼机，后来重建的菲伯尔双翼机（原来那台在1906年的一场风暴中被毁了）直到1908年夏才成功地飞了起来（但未能得到进一步发展）。

与此同时，阿奇迪孔也组织了一些滑翔机试验，他复制了莱特兄弟的滑翔机。1904年，机械师伏瓦辛驾驶着这种机械成功地飞上了天。不过，伏瓦辛很快又对滑翔机进行了改造，不仅同样加装了机尾，还另外在主机翼上安装了垂直的隔断。1905年，这种滑翔机安装上了浮筒并由机械船拖曳，在塞纳河上成功进行了试验（参见图2-27）。

图2-27　由阿奇迪孔和伏瓦辛建造并由菲伯尔参加试验的带浮筒滑翔机（1905年）。

参加过此类实验的还有桑托斯·杜蒙。此人非常聪明机智，兼资本家、建筑师和飞行员于一身；在那之后，他很快就拼凑出了一台极其笨重的双翼滑翔机（参见图2-28），并于1906年靠着50马力的"安托瓦内特"强力发动机，乘着这只"猛禽"成功进行了几次短距离飞行（其中距离最长的有200米）。

图2-28 桑托斯·杜蒙的双翼机，以14-bis号闻名（此前的型号都是他建造的飞艇）。这架飞机属于如今所说的"鸭式飞机"：其升降舵位于主机翼前方（图中的飞机正向右飞行）。

走上独立道路的则是 L. 布雷里奥。自1906年以来，他就只进行单翼机试验了。但他最初的几架飞机只有一个共同点：它们在最初的试验中很快就坏掉了，且坏得非常惨。直到 1908 年夏，8 号单翼机才顺利完成了试飞；这是世界上首次成功建造的单翼机，随后其他设计师也纷纷效仿它的模型。

不过，更早开始飞行的还是双翼机。其中最早的一台叫作"德拉格朗日"号，是以前面提到的那位画家命名的；德拉格朗日对航空事业充满信心，当世人还未见过飞行的飞机时，便提前为自己订购了一架飞机。恰好 G. 伏瓦辛开设了一个航空作坊，便承担起了这架飞机的建造工作。他非常正确地认识到，飞机叫什么根本不重要：既然有人跟他订了货，他本人也确信能完成任务，那就必须把飞机造好并让它飞起来。"德拉格朗日"号双翼机于 1907 年春成功升空，操纵者为 G. 伏瓦辛的兄弟夏尔。然而，德拉格朗日本人在当年秋天的首次试飞中就把飞机给摔坏了。从本质上看，这其实就是阿奇迪孔－伏瓦辛式的滑翔机加上轮子和"安托瓦内特"发动机而已。

伏瓦辛的作坊很快又做出了一台几乎同类的飞机，叫作"法尔芒"号。只不过第二名顾客对自己的飞机更加谨慎——"把鸟带走之前，得先给它做个笼子。"于是亨利·法尔芒搭建了一个棚子，把飞机带回家后也没有急着试飞，而是先乘着飞机在地上滑行，逐渐习惯它的操纵。

直到 1907 年 9 月，他才首次成功实现了离地飞行，过了一个月已经能飞过整整 170 米的距离了。

第一批法国"鸟儿"的毕业证书是德伊奇 - 德 - 拉 - 缪尔特和阿奇迪孔在 1906 年设立的 50000 法郎大奖，要求参赛者完成以下飞行试验："离开地面之后，必须从两根杆子之间飞过，抵达 500 米远处的第三根杆子，绕杆一圈后飞回，再次从前两根杆子之间穿过，并且途中不得接触地面。"这些严格的条件说的已经不是以前的跳跃式飞行了，而是描述了真正的飞行：封闭距离不少于 1000 米的飞行。

当作坊忙着为德拉格朗日建造第二架飞机时，法尔芒已经做好了充分的训练，他对飞机的构造做了一些非常有用的改进，并于 1908 年 1 月 13 日精确地满足了大奖的所有条件（监督员一路观察飞行的情况，凡是有所怀疑就贴近地面检查）。他借此功绩赢得了丰厚的奖金，这就为以后的工作创造了可能性。

这便是法国的"鸟巢"中第一只"鸟儿"羽翼丰满的时刻。后面的事情就好办多了。

1908 年春，德拉格朗日完成了第二架飞机的试飞，随后便把它送到意大利展览去了，并在那儿做了几次成功的飞行，时长达到了 15 ～ 20 分钟。阿曼戈悬赏 10000 法郎

图2-29　亨利·法尔芒乘着自己的双翼机（欧洲第一架双翼机）
成功进行了1000米封闭距离的飞行（1908年1月13日）。螺旋桨一
台，安装在机翼后方；翼展10米；升降舵移到了飞机前端。

在法国征求时长15分钟以上的飞行，这项大奖在当年夏天
由法尔芒夺得。同样是在这个时期，布雷里奥的单翼机也
丰满了羽翼，在空中飞行了8分钟。此外还有另外两架单
翼机——艾斯诺·佩尔特里和盖斯堂彼得－曼仁的双翼机
顺利完成了几次短距离飞行，这便是"安托瓦内特"号的
雏形。

　　经过近两年的商业谈判，飞行家莱特兄弟中的大哥威
尔伯·莱特终于造访了巴黎；而当时的法国飞行家已经取
得了前面所说的成就。

莱特兄弟的奥秘

法国人已经急不可耐地等了好久，威尔伯·莱特才带着"鸟儿"来到了巴黎；他极其克制而巧妙地扮演了自己的角色。不管怎么说，他都是带着自己的机器到了别人的地盘，周围还全是竞争对手，无论他表现得多么有礼貌又谨慎，也无法化解这种艰难的境地。莱特已经让竞争对手"领先"了约两年，如我们所见，他的对手也充分利用了这种形势，这就导致莱特面临着一着不慎、满盘皆输的风险。

首先精心挑选了适合飞行的场所，并在那里搭起一座棚子。棚子里隆重地安置好了运来的箱子，四周布上了警卫。准备就绪之后，威尔伯·莱特才开始组装自己的飞机，其间不让任何人进入棚子，自己也不离开棚子一步。他甚至弄了张行军床在棚子里睡觉。

人们开始成群结队地聚到试验的田野上，但他们的耐心受到了长久的考验。棚子四周空无一物，棚子里的美国人对外头的呼喊也充耳不闻，连个回复都不给。

过了一周，田野上搭起了一座神秘的高大"金字塔"，底座上连着一条轨道。看热闹的人流变得更多了。但威尔伯·莱特直到做足万全准备，连最后一枚螺丝钉都确保安全之后，才把自己的"鸟儿"展览出来。当然，他选的大气条件也是最适合飞行的条件。

1908 年 8 月 8 日傍晚，天色已经昏暗了，莱特终于小心地把"白鸟"运出了棚子，放在一个停在金字塔轨道的托架上。只听见发动机一阵轰鸣，两台螺旋桨飞速旋转，金字塔的顶端突然落下一件不明重物，飞机也随之沿着轨道疾驰而去。冲到轨道末端之后，"鸟儿"脱离托架腾空而起。

图 2-30 莱特兄弟的飞机。飞行员旁边是发动机，靠链条转动带动机翼后方的两个螺旋桨旋转。机翼前方的凸出物是双翼升降舵，机翼后方安装着垂直的转向舵。翼展为 12.5 米。

威尔伯·莱特驾机在空中只维持了约两分钟，便轻巧地在棚子边落了地。又过了几分钟，飞机被重新收回到了"笼子"里。

许多人聚在试飞地点为美国飞行家加油助威，目睹这一切后便心满意足。但直到四天之后，也就是莱特又进行了几次试飞之后，记者和照相师才被放行到飞机跟前，获准对它进行观察和随意拍照，但还是严格禁止用手乱摸；直到此时，广大媒体和未能亲眼见证飞行的人才得到了满足。

直到那时，莱特的奥秘才最终大白于天下。神话消失了。就算是疑心最重的人也不能不表示信服。

＊　＊　＊

那么，莱特兄弟到底做了些什么，他们的胜利中又有着怎样的奥秘？

我们回顾一下，李林塔尔派所追求的首先是稳定性。为此李林塔尔靠身体来进行平衡，而沙尼特找到了几种维持滑翔机本身的自然稳定性的手段。出于同样的目的，莱特兄弟首创了另一种方法：依靠操纵机构也就是舵来维持平衡。不错，他们的导师李林塔尔也曾部分地采用过这种手段，比如说靠拉动缆绳来控制机翼的边缘或机尾，从而调节飞行的模式。但这只是个辅助手段，而莱特兄弟采用

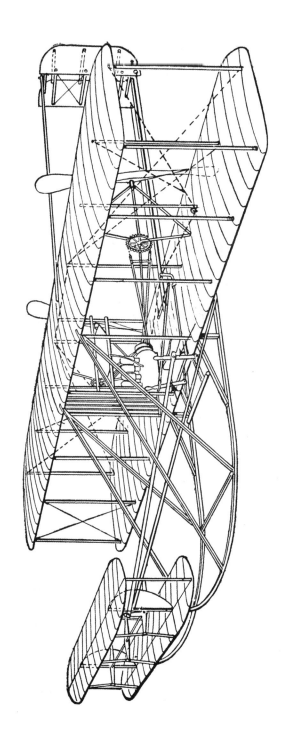

图2-31 莱特兄弟的飞机。仿照箱形风筝的双翼箱形飞机。前端的升降舵同时也是保障垂直稳定性的机构。

了专门的机构和装置，操纵起来也非常方便，这在以前是从未有过的。

两位美国人首先引入了升降舵；这是一种安装在机翼前端的活动水平面，根据其迎角的大小不同，可以维持垂直稳定性并调节飞行的高度。这种前舵取代了固定式的佩诺机尾，让滑翔机变得更轻巧、更灵活了。

其次是如何确保水平稳定性，也就是如何保持机身平衡，同时确保飞机能作侧面的倾斜。为此莱特兄弟采用了一个极其巧妙的方法：他们把机翼（上翼和下翼）末端的后沿做成了可弯曲的，并且当一片机翼的边缘朝上弯曲时，另一片会朝下弯曲。机翼的这种扭转能改变飞机飞行时水平轴的位置，具体来说就是边缘朝下的机翼令水平轴往上倾斜，另一片机翼则恰恰相反，令水平轴往下倾斜（见图2-32）。

最后，莱特兄弟又引入了第三个操纵机构——转向舵；在此过程中，他们同样巧妙地将转向舵与倾斜机翼的牵引装置结合了起来。这就化解掉了飞机在转弯和倾斜时所受的离心力作用，从而极大降低了飞机沿曲线飞行（也就是转弯）的难度。

两位美国人早在滑翔机上就安装了这三重装置，并将操纵技术练得炉火纯青，光是 1902 年秋天就进行了约一千次飞行。他们滑翔的距离最多可达 600 米，且中途还伴有转弯，在 15 ～ 18m/s 的强风中也丝毫不惧飞行。1903 年，他们创下了 1 分 12 秒的飞行纪录，这个纪录直到多年后才被其他人打破。

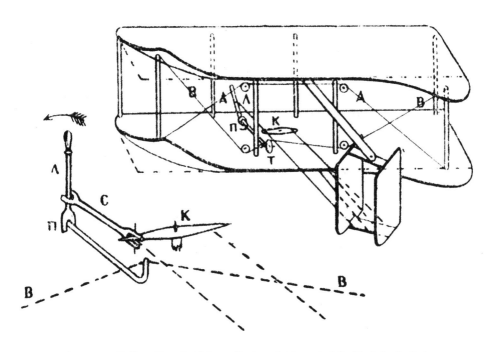

图2-32　莱特兄弟飞机的操纵舵的示意图。两片机翼的末端通过带滑轮的拉杆A—A和B—B连在一起。拉杆B—B在点T处安有一个弯曲的杠杆，与点Π处的操纵杆Π连接。如果把操纵杆Π往左摇，右机翼的末端就会往下弯曲，并通过拉杆A—A带动左机翼的末端往上弯曲；机翼的这种扭转使飞行员能调节飞机的侧向稳定性。操纵杆Π还连接着另一个拉杆C，该拉杆借助摇杆K控制后部转向舵的移动。第二个操纵杆（图中未画出）负责控制前部升降舵表面的倾斜程度。

不仅如此，莱特兄弟还出色地完成了另一个任务，也是当年令他们的欧洲对手陷入僵局的一个难题：他们以汽车发动机为蓝本，设计了一台轻便的航空发动机，为了保密还特意从不同的作坊订购不同的部件。他们的第一台发动机只有16马力的功率，重量为63千克，而1904年的第二台已经有了28马力，重量约100千克。尽管这两台发动机有着这样那样的缺点，但还是出色地完成了使命，为空中的飞机提供了自动力，令其以每小时约60千米的速度飞行。

除了安装发动机之外，莱特兄弟还要自行解决起飞和降落的问题。为了减轻飞机的负担，他们发明了一种"弹射器"：利用从高处掉落的重物，让飞机在轨道上获得一个初速度。但他们的"鸟儿"是降落在既没有弹簧也没有制动装置的滑道上，这就往往导致飞机受损。起初，莱特兄弟想让飞机上的飞行员保持滑翔机上的躺姿，但后来在准备向美国政府展示飞机时又改变了主意，决定让飞行员变成坐姿。

莱特兄弟的飞机第一次试飞是在1903年12月17日。1905年秋，也就是在法国人取得成功之前三年，他们真真切切地完成了后来通告全欧的半小时飞行。

总之，以上便是莱特兄弟的功绩与成功的奥秘。两人

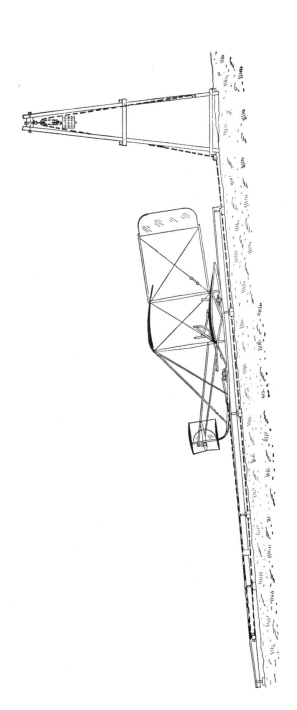

图2-33 莱特兄弟的弹射器。起飞前的飞机安放在轨道上的托架上，再往后拉越过其他滑轮，固定在金字塔顶端。飞机的螺旋桨同时运转起来，会给托架一个巨大的速度，飞机托架一越过轨道前端的滑轮，缆绳一头绕在托架上，另一头越过轨道前端的滑轮（挂梁）的一个可移动的重物上。松开重物后，下落的重物便能让飞机脱离托架飞到空中。

既是研究者又是工匠，既是设计师又是飞行员，他们不仅用稳定的操作保证了滑翔机完美试飞，还亲自设计出了轻型发动机，并造出了世上第一架实用的飞机。

航空竞赛与飞机的胜利

"我还没那么老，还等得起。"当焦急的法国人聚到他的棚子周围，请他尽快表演飞行时，威尔伯·莱特便这样对他们说。这位美国人只等好天气才升空飞行，且仅限于对飞机进行测试。直到1908年9月，莱特才觉得自己的"鸟儿"已经大功告成，并于同月中旬在空中维持了39分钟不落地，一口气打破了欧洲的所有飞行纪录。

可就在第二天的1908年9月17日，美国传来了一个噩耗。在为美国军方试飞第二架飞机时，弟弟奥维尔·莱特不幸遭遇了事故，并在坠落时受了重伤，同机的塞尔弗里治中尉则当场殒命。然而在此之前的一周时间里，奥维尔·莱特还漂亮地完成了几次一个多小时的飞行，这就让事故显得更出乎意料了。

收到消息的威尔伯·莱特把自己锁在棚子里，连着几天几夜闭门不出，随后着手将自己的飞机按照谈好的条件

图2-34 1908年的法国漫画：威尔伯·莱特与亨利·法尔芒的空中决斗。

转让出去。他在单人飞行中连续飞行了 66.6 千米，时长 1 小时 31 分钟，到了 10 月又完成了几次时长一小时的载人飞行，并创下了 118 米的飞行高度纪录。1908 年末，莱特又做了一次时长 2 小时 20 分、距离 125 千米的飞行，借此赢得了 25000 法郎的米其林大奖。

　　而法国的飞机呢，直到 1909 年初之前，其中的佼佼者也远远不及莱特飞机的水平。不错，为了证明法国人不比美国人差，有几位勇敢的法国人满怀热忱，冒着莱特根本无法承受的风险进行飞行。1908 年 10 月 30 日，法尔芒首次将飞机飞出停机坪，完成了两个城市之间的飞行，距离为 27 千米；就在次日，L. 布雷里奥也进行了类似的飞行，并成功返回了起飞的地点（见图 2–35）。然而，法国人的飞机没有维持水平稳定性的机构，碰上一丝微风都岌岌可危，所以只能在地面附近飞行，离地只有 5 ～ 10 米（用法国人自己的话说就是"刮地皮"）；飞行高度纪录也不过区区 25 米。

　　目睹了莱特的成就后，欧洲的航空工作者得以完成飞机所需的综合，令其基本满足了操纵性和稳定性的全部要求。法国人立刻着手改良飞机的构造，以确保侧向稳定性，飞机的飞行质量也随之突飞猛进。布雷里奥向莱特学

习，在单翼机中引入了机翼隔断。法尔芒在主机翼的末端
安装了特殊的侧向稳定翼（副翼），这个机构后来又得到了
普及。

图2-35　布雷里奥的单翼机完成了首次飞出停机坪的往返飞行
（1908年10月31日）。

　　另外，所有法国飞机上都有著名的"佩诺机尾"，相
比起无尾的莱特飞机也开始展现出自己的优势，因为无尾
飞机的垂直稳定性不足，飞行时只能沿着曲线的轨道，像
蛾子一样扑上扑下[①]。此外，法国飞机的轮式起落架也更加
实用。

―――――――

①　当时的滑翔机最多只能飞一分钟，所以这无关紧要。但对于
飞机而言，飞行员必须集中注意力维持垂直稳定，不断对方向舵
施加压力，这就成了个巨大的缺点。——原注

双方的优秀成果相互交流，令飞机的面貌完全确定了下来。人终于造出了自己的翅膀，剩下的只需让羽毛长好就行了。

但这个"只需"还要耗费大量的艰苦工作和许许多多的牺牲。

* * *

整个 1909 年，人们都沉浸在飞行胜利的狂热和希望中。紧随法国之后，其他国家也开始为新兴的航空运动添砖加瓦，而航空运动又引导着航空技术奋勇前进。飞机在各条阵线上都取得了辉煌的胜利。有些不走寻常路的发明家还在念叨，说人依然需要其他类型的翅膀，说飞机在原理上还不够完善，比如说无法在空中悬停不动或垂直上升。然而，以其他机械飞行方式为原理的飞行器——直升机和扑翼机，直到今天也只能作些简单的离地飞行罢了[①]。

而飞机到处都高奏凯歌，不管是在军事上，还是在各种和平领域的运用中。

人，终于找到了属于自己的翅膀！

———————

① 这是20世纪上半叶的现实，如今的直升机自然远非当年可比。

第三章 飞行之趣

万能的操纵杆

"你上过天吗？没上过啊……那先来熟悉下飞机的操纵吧。"

你被领到跑道上准备就绪的学员机跟前。教练员告诉你要怎么坐进驾驶舱。你笨手笨脚地往里头钻，脑袋碰着了拉杆，只听得身后不断传来指示：小心点……往右……脚别踩着布……结果却更加笨拙了。最后，你终于跨过了机舱，坐进低矮的扶手软座里，往前伸直了双腿。教练员从外头凑到你跟前，说：

"飞机上最重要也最有趣的便是转向操纵杆了，简称'操纵杆'——这可是个万能的操纵杆，飞行员只需用一只手，就能靠着它把飞机牢牢掌握在手中（见图 3-1）。你可以自己握一下这操纵杆，便会发现它非常灵活，能朝着所有方向倾斜：操纵杆就像是个万向关节。现在请你身体后仰，操纵杆也往后拉：在飞行中，你可以靠着这个动作把机头往上拉，因为操纵杆的拉力令机尾的水平活动翼——也就是升降舵发生了改变，把机尾往下压。要是你身体前倾，操纵杆也往前推，升降舵便会朝反方向改变位置，飞机也就和你一样往下俯冲。这就是在空中操纵飞机的基本原理：不是左右移动，而是前后推拉。"

"但这只是一半的把戏哩！要是你把操纵杆往旁边推，就完全是另一码事啦。你试试往左推，注意看飞机的右机翼：你会发现末端的小翅膀下垂了。试一下相反的动作：你看，另一侧也就是左边的小翅膀下垂了。这两个小翅膀叫作'副翼'（参见图3-1）。在飞行中，下垂的副翼会划过更多的空气，对应的机翼也就抬升，另一片机翼则下垂；结果导致飞机水平轴的位置发生改变。万一发生了不希望出现的倾斜，便会被纠正过来；如果飞行员想要有何调整的话，比如说在飞机拐弯时，也可以故意制造出倾斜。请注意，这里飞机的动作与驾驶员的自然反应非常协调统一；你想让机翼往

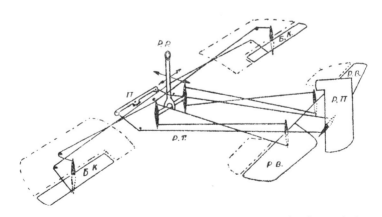

图3-1　现代飞机的操纵示意图。*p.p.*—转向操纵杆（操纵杆）；*p.в.*—升降舵，*p.n.*—转向舵；*n*—脚踏板；*p.m.*—转向杆；*Б.к.*—侧面稳定翼（副翼）。

哪个方向倾斜，就得拉着操纵杆一起往那个方向侧身。"

"总之，朝自己的方向拉动操纵杆，或往反方向推动操纵杆，飞行员便能对升降舵进行操纵：飞机要么抬升，倒立飞行（机尾朝下），要么机头朝下，也就是俯冲。副翼则是每片机翼都有的升降舵，但它们的作用是各自独立的，结果只能让飞机某侧的机翼发生侧向摆动。这就是操纵杆的作用。"

"是真的万能呀……"

"现在看你脚下：这是用来转弯的压板或踏板。转向杆从这里出发延伸到机尾，在那儿连接着转向舵。后者的作用跟船上的舵轮一模一样：如果往左转，整个机尾也往左，飞机的机头也转向左边。相反，右脚（右边的踏板）会让飞机往右转。"

你认真地听着，说：

"不错，这都很好，很灵活……但我怎么才能知道操纵杆该倾斜多少度呢，或者说在平稳飞行时要怎么控制操纵杆呢？我可看不到后面的舵啊？"

"小菜一碟。在水平直飞时，操纵杆必须严格保持垂直。你甚至可以撒手不管：凡是调整好的飞机都能很好地往前飞，完全不需要你的操纵——重要的是别干扰它，没事手别乱动。等到要转弯或改变高度时，再来用舵操纵飞机。在这里，实践会告诉你要怎么运用操纵杆或踏板。这里面有个最基本也是最危险的错误，就是俗话说的'跟飞机打架'，也就是拼命地把操纵杆往自己的方向拉。这样一来，飞机可能会骤然抬升，随之便有失速或像石头一样径直坠落的危险。"

"哦，那其他的动作呢？"

"其他动作的风险就比较小了。在转弯时，必须根据转弯的半径，让飞机在画出的弧线内倾斜机身，就像在自行车赛道上转弯。例如在向左转时，除了要用左脚踩踏板外，还得同时把操纵杆往左推，让飞机的左翼下降（向左倾斜）；相反，在向右转时，就是右脚加操纵杆往右推了……在下降时，飞机的速度会增加，你便可以降低发动机的功率。但也可以让它全速运转。此时飞机会急剧下降乃至垂直下降，它的速度会提升到正常速度的 1.5 倍或以上。这就是俯冲；俯冲时最危险的就是转入水平位置的时候，因为飞机的所有部位都会承受巨大的压力……"

但要体验操纵机械鸟的各种精妙细节，对你来说还为时尚早，所以你更愿意先去熟悉身边的各种仪器……因为这可是一个货真价实的实验室呢。

飞行员的实验室

"不，学员机上只有必不可少的装置……而运输机或战斗机上的仪器还要更多一些，特别是那些不止一台发动机，而是有两三台发动机的飞机上……看仪表板：左边是跟发动机有关的部分，右边是跟保持航向有关的部分（在单引擎的飞机中便是这样布置的）。你会看到左边有个按钮——开关（参见图3-2B部分）。这是一个神圣的'接点'，所有的飞行都是从这里开始的。上至磁电机，下至发动机，都是用它来点火的；电流不断地在气缸中引爆油气混合物，引发机轴旋转并随之带动推进器。当你改变开关的位置时，工作中的发动机便停了下来；如果这是在飞行中的话，飞机就会转入滑翔状态。"

"往下看，这是控制油杯，又称断续器。这个玻璃容器里面咕嘟咕嘟地冒着油，并由特殊的油泵送入发动机的各个部分，定时地为发动机部件涂油。这个过程必须时刻保持监控。万一油杯里的油停止了翻动，就说明发生了某种故障……"

"会发生什么呢？"

　　"当然得想办法找出故障所在，并尽可能把它消除。最常见的问题是机油管堵住了。万一修不好的话，几分钟后发动机就会有过热的危险（不涂油的发动机是工作不了的），那就只好紧急迫降了。汽油管的问题也会导致类似的后果。在通常情况下，燃料会从下方的大油罐里压出来，而这个压力是自动调节的——飞行中迎面而来的气流会吹

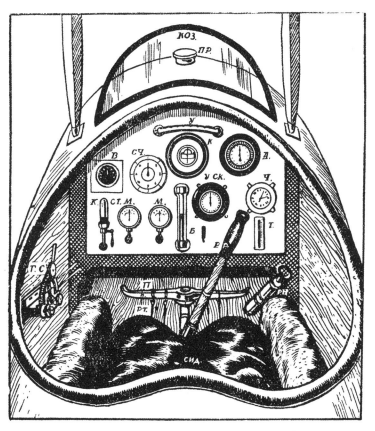

图3-2　驾驶舱与其中的仪器（详见文中说明）。

动一个小风扇，便产生了这个压力。用来监控这个压力的是压力表。万一这个设备坏掉了，我们右手下方还有一个手动的油泵，能用来完成相同的目的。最后呢，我们仪表盘正中的下方还有个油量表：上面显示了大油罐里的汽油余量。旁边的温度计显示的是发动机冷却水的温度；必须好好注意，万一有个不留神，冷却水沸腾起来，发动机就会过热……此外还有机油专用的温度计。"

"压力表上方的这个大表盘又是什么呢？"

"这也是个重要的监控仪器：发动机轴的转数表。每台发动机都有自己的最高转数。很明显，转数越高，动力越强，速度也就越快。飞机飞行时通常不是最高转数，而是略低于最高转数，万一需要抬升或碰到逆风还有提升的余地。这个转数也就是推进器的旋转速度，是通过发动机油缸中燃爆的油气混合物的调节状况来衡量的。而这个调节又是通过油门操纵杆来进行的，也就是靠近你左手下方的这个东西。通过这几个操纵杆，飞行员能在不同的飞行条件下根据需要调节发动机的动力。"

"哦，要盯着这么多东西……汽油、机油、水……转数……这个要看压力，那个要看余量，还有各处的温度……简直把人给搞晕了。"

　　"你可别早早就泄气呀。我们才看了半个'实验室'呢。现在看右边——这边嘛，初学者大概更好理解。最边上是个时钟，用途就不用我说了吧。时钟上方是高度表，是测量高度的仪器：必须时刻牢记，这个高度是相对于出发地点的高度，而不是飞行路线中的高度。时钟左侧是个速度表；你要注意，它的示数也是相对的，也就是相对于空气而不是地面的速度。要想确定相对于地面的速度，就得知道风速和风向或飞机自身的流压；为此就得额外加装一些复杂的仪器，但即便如此也不够准确。所以飞行员才得时刻注意定位，或者根据地表来确定自己的位置……"

　　"这不更糟了吗……"

　　"对呀……在长途飞行中，有时得用罗盘（看看油量表下方的中间位置吧）和地图——确切地说是地形图来定位，用海员的话说就是'计算路径'。为此必须不断地'判定'自己究竟在哪里飞……要是地表被其他东西覆盖住了，或者形态单一而提供不了信息的话，比如说在海上，飞机就很容易偏离航线。当然，无线电设备能派上很大的用场。但这又是个额外的负担，在长途飞行中就更麻烦了，因为还得有个专门的技师来照看它。何况在有些地方比如大西洋上，无线电的传播范围有限，用处也就不大了……"

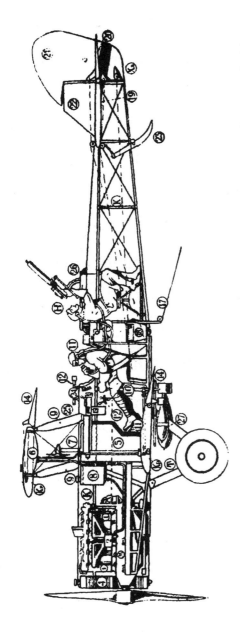

图3-3 早期军用飞机的设备。图示：Kp—机翼；K—K—机身；X B—机尾；T—托架；M—发动机；Ⅱ—飞行员；H—观察员；1—1—发动机气缸；2—汽化器（油气混合物的喷雾器）；3—磁电机（点火器）；4—散热器（冷却器）；5—油罐；6—副油罐；7—带风扇的油泵，飞行中能自动将油从主油罐（5）送入副油罐（6）再从副油罐自动流入汽化器（2）；8—润滑油储存罐；9—9—上下机翼之间的支柱；10—操纵杆（转向操纵杆；11—踏板；12—油门；13—（飞行员头部前方）风挡；14—14—侧翼（副翼）；17—无线电设备天线（飞行员背后的盒子）；18—照相机；19—尾翼（稳定器）；20—升降舵；21—转向舵；22—垂直安面；23—拐钉；24—飞行员的盒子）；18—照相机；19—尾翼（稳定器）；20—升降舵；21—转向舵；22—垂直安面；23—拐钉；24—飞机前端机枪（在飞机下方）射击的瞄准镜；26—安装在转环上的活动式机枪（旋转转机枪塔）；27—炸弹。

"谢谢……咱们是不是有点上头了，这都还没上天呢，我脑袋就开始发晕了……"

"你可别忘了，除了无线电和军用飞机上的机枪之外，飞机上有时还安装着各种定位仪器……举个例子，罗盘上方有个倾斜仪，用来指示机翼水平轴的位置。这是个非常简单的仪器，但并不总能派上用场。但也有更复杂的仪器，用的是陀螺和钟摆的原理。例如，陀螺仪和美国的'先驱'就是这样的仪器。此外还有失速预警器——有声学的也有机械的，有计算表，有航线维持仪，有导航仪，有测偏仪，有里程表，有加速度表……"

"您可饶了我吧……多谢了！……您没意见的话，我还是先出来好了……等明天飞行时再聊吧……"

"一定聊，一定聊！"

最初的成见

当然，你在飞行时是用不着聊天的。在客机封闭的机舱里，人们想交流时还能"直接把话传到对方耳中"。而在开放式的飞机上，这个任务只有身处同一驾驶舱的飞行员之间才能完成了，比如说有两个并排的座位，座位上的两人才能相互交谈。在学员机上，这两个座位通常有一个排在另一个后面，所以简短的谈话只能靠专门的对话器来进行。

"你昨天说，"热情的教练员一碰面就打开了话匣子，"你估摸着飞行中会脑袋发晕。请问你是从哪儿听来这种说法的呢？咱们来谈谈这一点吧，顺便聊聊你对飞行还有什么想法……最好在飞行前就解释清楚……"

你觉得有点儿难为情。

"您也知道，当我们站在高高的屋顶上或悬崖上往下望，甚至只是注视着长长的楼梯通道时，每个人或者说几乎所有人都会觉得有点儿头晕……还有些人根本受不了这种感觉。这样看来，在高空的飞机上脑袋肯定会晕得更厉害嘛……"

"没错。几乎所有人都这样想……但实践完全推翻了这些想法。且不考虑各种飞行把戏或高级特技飞行，开飞机时其实根本不会觉得头晕。你仔细分析一下站在悬崖边的感受。你看着脚下深渊的全貌或远方的景象时不会头晕吧……不会的。只有当你沿着崖壁直直往下看，或者这个崖壁或建筑的墙壁处在你的视野中时，你才会觉得紧张不安……"

"这么说来，头晕的印象其实是由观察者与'低处'之间的物体引发的？"

"说得好……但并不只是这些物体，还有纯粹的肌肉感觉在作怪。不管你是站在山上还是六楼的楼梯扶手旁，你的身体都能感受到与地面的联系……而飞行员呢，他失去了这个联系，就会把全景当作与自己完全无关的东西。所以全景不会对他的心理产生压力。有个非常典型的情况就是在固定式热气球上，气球与地面只靠一条缆绳维持联系，上面的观察者一般不会感到头晕。但要是顺着缆绳凝神注视，偶尔也会感到头晕。在飞机上就连这种情况也不可能发生。"

"那么，固定式热气球上的观察者真会觉得特别颠簸吗？据说有时还会晕船？"

"我说的只是高度引发的感受，你问的已经是与天气相关的感受了。万一碰上不平稳的阵风，'香肠'①确实会剧烈颠簸，远不是所有人都能忍受这种感觉，就像在海上乘船的颠簸一样。总的来说，搭乘固定式热气球的吊篮是最不舒服的飞行方式。在这方面，我们的飞机可要强得多了，

___

① 人们平时所说的"香肠"指的是固定的风筝式热气球，其外壳形成一个长条形的气囊，在空中呈倾斜状态，顶端朝着风的来向。——原注

因为飞机具有自动力，足以应付多种风的情况。但你也知道，大气中储存着无穷的能量，还能把这些能量迅速集中在一处。有时会遭遇这样的天气，强大的飞机像只小蚊子在空中晃来晃去，时而俯冲个几十上百米落入深渊，时而垂直爬升冲上高空。这时飞机上的人当然会觉得头晕恶心，接下来便是俗话所说的'肠子都吐出来了'。只不过这样的天气通常持续不了多久；为了防止乘员跌落，飞机的每个座位上都有安全带，封闭的机舱中也不例外。"

"封闭的机舱嘛，其他方面自然也更方便点。暖和，又不吹风……在开放的驾驶舱里，大概会有呼吸困难、惊心动魄的体验吧？"

"我就知道你会说这个……这也是个广为流传的成见。不错，新手飞行员上天时偶尔会抱怨吸气困难，特别是在刚开始飞行时。但这只是表面现象，是纯粹的心理问题——是由于他太过激动或过分担忧；这种感觉在飞行中很快就会过去。至于呼气嘛，飞行中迎面吹来的气流有时会产生些影响，但你也看到了，飞行员头上的风挡能很好地将气流挡开。你自己很快也会知道了，风挡后的人根本吹不到风，呼吸起来轻轻松松的。只有碰上强烈的侧面风或做某些高级的花样飞行动作时，才会被风给吹到。"

"话说回来，空中还是会有人们常说的'心头发紧'的感觉吧？"

"这就是另一码事了。在乘电梯或过山车（你坐过吗？也就是俄罗斯人叫作'美式过山车'，而美国人叫作'俄式过山车'的那种东西）下滑时，人有时会感到脚下的土地正在远离，整个人就要悬在空中，这种情况确实会叫人心头一紧。而要是飞机意外落入空气坑中，或者飞行员猛地推动操纵杆，在空中来个'急剧跃升'，飞机上的人同样会产生心头一紧的感觉。可惜呀！不管是什么风挡还是机舱，都没法叫人避免这种感觉呀……"

教练员一时默不作声，仿佛在思考能不能把这个"心头一紧"也给处理掉……你赶紧抓住了这个空当：

"感谢您的解释……咱们能不能先起飞呢？"

"当然！飞就飞呗……也就是说你不害怕喽？那之后还有机会再聊聊的……"

起飞

教练员帮你戴上飞行帽，一套防止头部受伤的特殊面具。你们约好飞行的时间不会太长，15～20分钟足矣……

你再次笨拙地钻进机舱——但这回不是驾驶舱了，而是客舱……你按照飞行员的指示系好安全带——以防万一嘛……这样一来，你就不再是你这个人了：你只是件货物，是个压舱物……仿佛有什么神秘的力量把你给送到了这儿，这个你从未来过的地方……这只在飞行实验室中都难以操纵的强大"铁鸟"，它将载着你在没有道路的广阔天空中翱翔，带给你前所未有的全新体验……而你却只能被绑在笼子里干坐着，不敢说半句反对的话，也没有半点机会去表达自己的意愿。

还能怎么办呢……要想凌驾于众人之上，就得先自己乖乖听话呀。

图3-4　飞行员。

等你上了飞机，递给你一只"小手"（不是那万能的操纵杆，而是飞行员自己用的"小手"，一个中间弯折的保暖手套）[①]并轻巧地登上座位的正是那飞行员。他结束了起飞前与技师的最后一次谈话，又过了一会

---

① 在俄语中，"操纵杆"和"小手"是同一个词（ручка）。

儿，你便听到那神圣的话语……

"接触！"技师站在推进器前，抓着桨叶喊道。

"接触良好！"飞行员回答说。

现在你知道了，这是技师在启动推进器，为此就得先启动发动机的点火装置。如果发动机没有立刻启动，点火装置就会被关掉（飞行员大喊"关闭！"），地上的人再转一转发动机的推进器，往油缸里倒点汽油，检查火花塞是否正常，等等。

图3-5　启动发动机。

然后又是一次：

"接触！"

"接触良好！"

起初发动机转得很慢——因为是小油门……然后轰鸣

声慢慢变大，推进器吹出的旋风从你耳旁呼啸而过，飞机颤抖着，从后面抓着的人的手中挣脱开来。你急切期待着起飞，但又怀着几分恐怖："万一出了什么事呢？说不出话，也逃不掉呀！"不管事后怎么说，几乎所有人在初次飞行时都会有些害怕……

"快起飞吧。"

可飞行员还在驾驶舱里摆弄着什么，这几秒钟在你看来就像过了几个小时……终于，飞行员大手一挥，飞机便离地而起，你脚下的土地也开始飞速后退；你感到了一阵莫大的轻松……

起初，崎岖的地面还不时颠着你……然后你注意到，地面后退的速度越来越快了，变成了一道连续不断的带子。你想准确地观察到飞机离地升空的时刻，便直直盯着身后的地面……然而却惊奇地发现，飞机已经飞在空中了……直到这时你才感受到，整架飞机的翅膀都绷得紧紧的，就像条扬帆起航的小船……你觉得这对翅膀仿佛是你自己的翅膀……

好哇！飞远点！飞高点！心情是那么雀跃，身边却没人可以交谈，你高兴得想大声喊叫，想纵情歌唱……

地面沉得越来越低了。马达轰鸣，飞机颤抖：飞行员提高了高度……在这个过程中，你感觉速度仿佛降低了——脚下的地面物往后退得越来越慢了。你满怀疑虑，小心翼翼地把身子探出机舱，但迎面而来的风却让你不能不相信，哪怕是上升过程中的速度也很不小呢。

可是，我们究竟在哪儿呢？机场又跑到哪儿去啦？

你想找到机场，确定位置，结果却是白费功夫，尽管偶尔也能认出几个物体。不过地上的东西看着多好玩啊……就像用混凝纸做成的小模型……玩具般的房子，灰色的道路轨迹，绿色的树林和花园就像一个个小羊羔儿……人们像窝里的蚂蚁似的熙熙攘攘……一切都是那么干净，那么好看。比精心美化过的地形图上还要好看……

与此同时，发动机变了个调子，轰鸣声渐渐平稳下来……整只铁鸟的震动也轻多了。啊哈！原来是飞行员降低了油门，开始操纵飞机水平飞行。

"可我们是在哪儿飞，又是怎么飞呢？"先前的念头依然在脑子里打转……哎！没飞过几次的新手中可是很少有人能准确认出自己的位置呢，操控个别的物体是能准确认出来的。地上的景物在机翼下——也就是你们的翅膀下慢慢地浮动，不时拐个弯或转一圈，有时往右，有时往左。尽管你非常清楚地面是多少有点凸起的，却也摆脱不了这样一种印象，仿佛飞机下是个凹陷的盆地或巨大的茶杯，你觉得它的边缘——也就是地平线始终和视线平齐，而它的底部相比边缘却要遥远得多。

飞机抖动了几下。它时而不知往哪儿攀升，时而像浪尖上的小船一样坠入无底深渊。起初你惶惶不安地抓着机舱，特别是当地上的景物跑到了侧面，且不再是在你的脚下，而是在远处某个地方慢慢移动时，你就变得特别紧张。但后来你强迫自己平静下来：你的飞行员和飞机本身足以应付大气中的激流，万一发生了不必要的倾斜，也很容易就能消除……心情多么畅快，多么欢乐！只有发动机那不知疲倦的轰鸣声，由于不习惯而叫人觉得厌烦、焦躁……

飞机又"点了个头"……你心头一紧……嗜，快点！该拉直啦！不对！你被吸向机舱外头，风呼啸得越来越猛，地面也向你迎面冲来……

图3-6 飞机的起飞。图中三个步骤分别为（从右到左）：起飞，加速，离地。

"我们坠落了？"可怕的念头一闪而过……你四下张望，只见飞行员没有丝毫慌张……啊哈！也就是说已经降落啦？可这就有一刻钟了吗？你看看手表：没错，飞机已经在天上飞行了18分钟。

迎面而来的大地向后移动得越来越快，随之而来的是地上的物体越变越大，不断浮现出新的细节……

又是一个"点头"。随后突然一片寂静：发动机似乎消失了！又一阵恐怖的感觉！哎，没事的，这只是飞机在滑翔降落啦！准备着陆了……

如今飞机在空中滑行，就像从山上滑落的小雪橇。已经没有谁来拉动或驱动它了。就在这片寂静中，你清楚地感觉到并亲眼见证了飞机经历的一切：机翼在颤抖，立柱在摇晃，拉杆在震动，所有部件都划过空气发出尖锐的声音……你与整架飞机感同身受了。

"怎么样？不错吧？"你听到了飞行员的声音。

不错是不错……只是那可恶的地面急着要给你来个热情的拥抱……唉……你还没来得及转开身子或眨眨眼睛，就免不了要跟地面来个冲撞？……

但这已经是最后的恐慌了，大地眼看就要把你吞噬，却在只有几丈远的地方突然停止了进攻，你不由得为自己的心虚感到羞愧。又过了几秒钟，听话的"铁鸟"就轻轻在地上弹了一下，在机场的跑道上奔驰了。

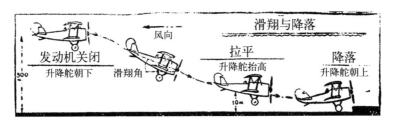

图3-7　飞机的降落。图中四个步骤分别为（从左到右）：发动机关闭，滑翔，拉平，降落。

"请下吧！我们到了！"

耳朵还微微有点儿堵，脑海中盘旋着各种各样不自觉的但都十分鲜明的印象，你离开了静下来的飞机的客舱；你曾被绑在那儿，像个没有生命的货物，但也初次体会到了自由的鸟儿的感受……

再论空中的感受

"怎么样？喜欢吗？"

你谢过教练员，把自己的感受（当然了，有个别地方跟上面说的并不一样）分享给他听，有的人可能会隐藏一些恐怖的关头，也有人不会隐藏，就看个人性格怎么样了。

随后话题自然地延伸到了飞行中各种其他印象的领域（没错，就是"领域"，而不是"方面"①）。

"当我第一次看到飞机下的地面朝着侧面倾斜时，"你说，"我不由自主地把身子往后仰，并开始往相反的一侧缩去……因为这种时候大概会有危险吧？"

"这个问题属于飞机如何在空中维持平衡的问题。对于乘客以及每位航空的新手，这都是个特别有趣的问题，我想，是因为在这里面体会到的感受吧。每次转弯（也就是飞机在水平面上的转向）都必然会伴随着倾斜。你看，我在沙子上画了条飞行的曲线，垂直朝下的是飞机受到的重力 P，右边是向心力 C（图 3-8）。很明显，这两股力会形成一股合力 R，为了抵消这股合力，飞机的支撑力与垂线之间也必须有一个倾角。所以才需要横向倾斜。但飞机的飞行速度和曲线的半径不同，倾斜的角度自然也不同：在有些情况下，转弯比较和缓；也有些情况下，转弯非常急剧。而飞行员呢，你想象一下，他并不总能发现转弯是急是缓，甚至从直线变到转弯的过程都注意不到呢……"

---

① 在俄语中，这两个词分别有"球体"和"平面"的含义，此处想表达的是：飞行是一个三维的领域。

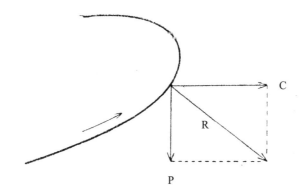

图3-8 飞机转弯时的受力示意图。P—飞机所受的重力，C—向心力，R—二者的合力。

"可地面明显会往一侧倾斜呀？转弯越急剧，倾斜就越大！"

"没错，当我们看得见地面或太阳，哪怕只有脚下的云海或天上的月亮和星星作为替代时，我们的眼睛便能感受到这些变化。然而正如你之前所见，并不是你这个人在倾斜，而是地面在倾斜，这说明了什么？这说明飞机上的人依然觉得自己身体的纵轴处于垂直状态，哪怕是转弯时也不例外；在飞行员的意识中，他所受重力的方向并非垂直于地面，而是沿着合力 R 的方向——看我的图示。而他觉得的"地平面"其实是正交于这个合力的平面，真正的地平面对他来说反而是跑到侧面了。这是个极其重要的情况；正因为如此，即使飞行员在各方面都非常清楚自己'脱离了地面'，却还是得靠视觉与地面保持联系。没有了这条'绳子'，'鸟的技艺'对我们来说就是力不从心的……"

"可是，您自己都说过肌肉感觉的事呀……我想，人到底还是像鸟儿一样，也拥有自己的平衡器官吧……好像是在耳朵里面？"

"对的，肌肉感觉能起到一点提示作用，你自己大概也发现了吧？在转弯时，你会被紧紧地压在座位上，比直线飞行时要紧——这是因为合力 R 比重力 P 大。但这对定位来说还是太少了。至于我们人类的平衡器官嘛，请你回忆一下，假设你喜欢游泳吧——当你一个猛子扎进水里在水下环游时，这些平衡器官会变得多么无力，又派得上什么用场呢？因为这时你承受的大抵只有身体的浮力。我们的平衡器官是内耳中的三条半规管，处于三个相互正交的平面上；这些管道里流动着液体，其液面能接触到听觉神经；当身体的平衡被破坏时，液面的位置会发生改变，特殊的神经便把这种变化传达给意识。"

"那为什么这些器官在空中也不管用呢？难道鸟儿有别的平衡器官吗？"

"鸟儿的平衡器官的构造和我们基本相同，但发育程度要完善得多了。只需指出一点：当鸟儿的听觉器官受损后，它们就会失去在飞行中维持平衡的能力，简单说就是飞不了了。说到人嘛……我给你举两个事实。在第一次世界大战期间，美国空军特意招募了许多聋哑人，而他们的飞行能力并不比其他飞行员差，有时还要更好。这是第一个事实。另外，你再看看沙子上的图——当飞机正常转弯的时候，铅锤并不会保持垂直也就是重力 P 的方向，而是沿着合力 R 的方向，它与飞机的相对位置并不改变。再比如我给你看过的倾斜仪或者是人耳里的半规管吧，其中的水平管的情况也正是如此，它的液面位置会随着飞机的倾斜而改变，所以指示不出这种变化。这也就是为什么人的平衡器官和普通的水平仪一样，在这种情况下根本就不管用。"

"这么说来，不管是这些倾斜仪还是我们的耳朵，对飞机来说都根本不需要，但我还是不愿意离开它们？"

"这也不尽然。我说的是正常转弯的时候，意思是说倾斜的大小满足平衡的所有条件；换句话说，机翼的支承力与合力 R 的方向相同。现在想象一下这种关系不存在了，也就是说，要么倾斜不足，要么倾斜过度。在前一种情况下，飞机会向外偏；在后一种情况下则是向内偏。正常的转弯是完全无害的，这些不正常的位置在飞行中则是很危险的，绝不能允许发生的，因为这有可能导致飞机失

速而引发事故。而水平仪和你的听觉器官就能感受到这种
异常了……不仅如此，你身体左右两侧会感受到不同的压
力（朝向座位或两侧的压力），肌肉感受也会将危险的信号
传达给你。"

"嗯，真复杂……可要是飞行员真的对飞机的位置和自
身的状态完全失去了判断，他还能怎么办呢？莫不是得直
接降落吗，老哥？"

"没错，万一与地面失去了视觉联系，比方说飞进了雾
里、云里或大雪里，就会陷入所谓'尴尬处境'。不管是高
是低，全都感觉不到……你知道吗，曾有架大型客机在浓
雾中着陆，结果背朝下、轮朝上地降落在地上，而客舱里
幸免于难的乘客直到飞机撞地时才醒悟过来。竟然弄到这
种地步……现在人们也找到了解决办法。既然没有自然的
地平面，那就只能靠人工创造的了……于是就有了一种叫
作'航空地平仪'或'陀螺测斜仪'的仪器，其中的液面
或铅锤与陀螺仪相连，因此总能指示出真正的地平面的位
置，不管飞机在空中是什么位置。"

"您倒是说说，搞出这么一大堆仪器岂不是很容易混淆
吗？还不如设计一种能充分保障飞机稳定性的手段呢，这
样不是更简单吗？人们好像早就研究过飞机的自动稳定性

了，况且也不是没有取得成果吧？"

"我早就料到你会问这个了……没错，不管以前还是现在，都有很多人有这种想法……但这其实是个大问题，里面存在许多成见……可现在太晚了……咱们下次再聊这个吧？顺便告诉你，到时候还能看到花样飞行呢，也就是高级的特技飞行……想看吗？"

稳定性、杂技，外加更多的成见

经过飞行的洗礼之后，你第三次来到机场时已经不像之前那样胆怯了。

"所谓自动稳定性嘛，"教练员跟你打完招呼后便说，"自古以来就是航空学中的'青鸟'①，是许多人趋之若鹜的对象。这种情况持续到了 1913 年，直到俄罗斯飞行员涅斯捷罗夫和法国人佩古完成了几个不朽的试验：他们首次在空中完成了环形飞行，有力地证明了飞机具有稳定性——你要是愿意的话，也可以说飞机在任何状态下都不会丧失稳定性，哪怕是背朝地、轮朝天时也不例外。在那之后，飞机制造业便开始更多地追求自然稳定性，而不是自动稳

---

① 成语，指幸福或好运气。

定性了。这两个概念的区别在于：自动稳定性主要依靠专门的仪器、设备或装置来实现，而自然稳定性不需要任何机械装置，只需合理设计飞机的结构，正确进行空气动力学的计算，让飞行员在空中驾机时能随心所欲地变换状态，或从任意状态重归正常状态即可。现代的飞机几乎具备了完全的自然稳定性。"

"也就是说，机械装置似乎已经用不着了？可是，既然飞行员在空中可能会看不到地面，陷入两眼一抹黑的境地，那不用机械装置又怎么应对这种倒霉的情况呢？"

"就是这个，所以关于自动稳定性的成见才会这么牢固。随着自然稳定性的发展，飞机的这类问题已经得到了解决，如今的导航员和飞行员都清楚知道，飞机不管做什么动作都能完全保持稳定，且不管被自然力弄成什么状态，都能从这些状态中摆脱出来。为此根本不需要什么机械装置，只需要飞行员具有足够的自制力，能完成需要的动作就够了。但空中导航就是另一回事了，上次聊天时你也看到了，机械装置在这里还是很有用处的……"

"经常听飞行员说什么'失速'……这里机械装置也不行吗？"

"你看，失速是垂直稳定性被破坏的结果。当飞机抬升过于急剧时，机翼提供的支撑力就会变小——这正是速度不足的缘故，结果就导致飞机坠落了。经验丰富的飞行员有时能凭直觉感到飞机要开始'耍脾气了'，甚至都用不着看指示速度和垂直轴的仪表……不过，要是能减轻这项飞行任务的压力，这自然也是件很有价值的工作：这样一来，飞行员就不需要特别高超的技巧，也不需要特别绷紧神经了。但你要记住，这里的机械装置只是用来补充自然稳定性，而不是取代自然稳定性的。这里面就有个最大的成见。直到今天，都有许多发明家在设想各种机械装置，信心满满地觉得这些机械能成为预防一切事故的灵丹妙药，而轻视飞机的空气动力学属性。这种观念从根本上就是错的。不过，机械装置用作辅助手段自然还是有用的，特别是在'两眼一抹黑'时或长途飞行中就更有用。它们不仅能增加飞行的安全系数，还能帮飞行员更好地保存体力，让飞行员时不时可以松开操纵杆，或是起身活动活动。"

"那么，这些装置在实践中还算普及吗？"

"我觉得不能完全依靠它们……所有的飞行员都应当掌握高级特技飞行的技巧；尽管现实中只有个别情况下会用到这些技巧。这个问题上同样有个成见。有些人以为花样飞行不过是花里胡哨的杂技，弊大于利，是 1913 年遗留下来的过时玩意儿。另外，也有飞行员过度夸大了花样飞行的作用，说什么优秀的花样飞行员绝不会出事故。不错，高级特技飞行不是什么好玩的东西，而是一门严肃的技巧，在某些情况下甚至是必备的技能，比如说在空军中，做各种动作的能力正是空战技巧的基础。但也必须清楚地认识到，飞机在花样飞行中承受的极端压力要比直线水平飞行时承受的正常压力多出好几倍。因此，这种'强迫'只能用在专门设计、高度加固（稳固性为 15 倍或以上）的飞机上。但即使是在这些飞机上，也必须特别小心谨慎，因为滥用'杂技'就会影响操纵机构的调控，可能会在飞行员没觉察时就引发严重的事故。"

"不过，是有飞机专门用来作高级特技飞行的吧？其他的飞机就根本不适合喽？"

"没错，我前面也说到了，军用的歼击机和专用的体育表演飞机是设计来完成所有'花样飞行'项目的。但运输机或教练机自然就没有这个要求了，但个别情况下也会进行这种测试。举个例子，德国曾经有架三引擎客机顺利完成了几个环形飞行，有些小功率的飞机（轻型飞机）甚至能完成整个花样飞行项目……不过，咱们还是别干巴巴地聊天了吧，我给你看个活生生的例子……瞧，我的同事是位熟练的花样飞行员，他现在正准备要上天呢，去对一架新飞机做最后的花样飞行测试。"

鸟儿比飞机输在哪里

"个头不大、矮壮结实、身材匀称"的飞机迅速脱离了轨道，发动机轰隆作响，它猛地向上空飞去，角度比一般的起飞要大得多。等飞到第二圈时，飞机才刚刚停止上升，飞行员就做了个转弯的动作，几乎把机翼拉到了垂直位置。随后他令飞机恢复水平位置，又让另一片机翼做了个相同的垂直上升，朝反方向画了两个圈。

"在垂直转弯中，"教练员说，"对飞行员来说有个典型的情况，那就是尾舵的作用发生了改变：同样处于垂直状态的升降舵变成了转向舵，而变成水平状态的转向舵便开始相对于地面运作，反倒成了升降舵了……快看，它像在飞盘上一样打转呢！"

就在这会儿，恢复水平位置的飞机转了个弯，等它飞到你所在的那排机库跟前，又做了个惊人的跳跃动作：它在最高处骤然减速，机头点了几点，然后重新加大速度，又重复了这个跳跃。

"跃升。"你想起了之前谈话中提到的一个词儿。

"没错。"教练员表示肯定，"你熟悉坐过山车的感觉吗？飞行员在这里也是相同的感受，只不过程度当然要强得多。当飞机与最高处平齐时，飞行员会在惯性的作用下从座椅上蹦起来，一时间感觉脱离了座椅乃至飞机。随后又急剧往下滑去。"

飞机转了一圈，又靠近了机库。如今它保持高度不变，但不停地左右转弯，沿着波浪线前进。

"蛇形飞行……空战中经常用到这种技巧，是为了在必要时远离开火的敌机，降低被击落的可能性……"

飞行员飞远了；你看见他同时也升得更高了。

"这是在爬高。对我们的飞行员兄弟来说（其实水手也一样），陆地远比熟悉的自然力要危险得多。许多花样飞行动作在低空都是不应该乃至不被允许的。万一发动机出了什么毛病或飞行员犯了点小错误，飞机就可能会失速，像石头一样直直坠落，自然也就完蛋了。不过要是在高空中呢，比如说 1000 米左右吧，碰到这种情况也还有机会补救……这会儿应该要开始翻跟头了。"

果然，靠近机库的飞机做了个跳跃的动作，但和"跃升"不同的是，它随后并不下降，而是急剧倾斜，就像在垂直转弯一样……你胆战心惊地看到，飞机并没有在某个位置停下来，而是继续倾斜，最后绕着机翼整个儿翻了过来，肚皮朝天，然后又回到水平位置，并继续向反方向翻转。

"半滚倒转，在法语中叫作'renversement'，"教练员看穿了你的心思，"非常干净利落。"

"人难道不会跌出去吗？"

"不会的。你要知道，首先飞行员腰上肩上都系着安全带，在座位上固定得很稳……其次也不要忘记，向心力还会把他压到座椅上呢……同样是这个原因，即便油罐里失去了内压，汽油也依然能流到发动机里。"

图3-9　"大地竖了起来！"飞行员在侧翻时看到的景象。

"看啊，看啊！他在转圈，就像小号的管子一样连续旋转呢！"

"这个技巧用法国人的话说叫作'侧滚'。飞机绕机翼转一圈后，不是跟之前一样往反方向转回去，而是继续往同一个方向旋转。这个难度就大得多了……"

飞机略微降低了点，又重新往侧面抬升，就在你眼前像老鹰扑食一样猛冲下去，随后拉起机头，靠着机尾直立起来，接着是机背朝下，轮子朝天，然后又画了个圈把环给封上了，回到了先前的飞行方向。

"你看得清吗，这个环形飞行和之前的绕机翼翻滚有什么区别？在纯粹的环形飞行中，飞机的水平轴的水平位置保持不变，整套花样飞行都在一个平面上进行，也就是在接近垂直平面的位置。而侧翻动作靠的恰恰是水平轴的倾斜和翻转，并且整架飞机要么是朝着不同方向飞旋，要么是用机身画出一个圆柱面（'滚桶'的术语便是这么来的[①]）。"

"好可怕呀！我能想象飞行员在这时的感受！"

"别瞎想！你最好回忆下自己的亲身感受！不管身边的大地怎么移动旋转，你都稳居一切的中点和轴心，而环形飞行中的发展也一模一样。但这里的情况还要更荒唐、更

---

① "侧翻"在俄语中作бочка，字面意思是"桶子"。

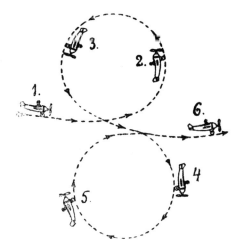

图3-10 双重环形飞行（"8字飞行"）的示意图。普通的环形飞行的位置应为1、2、3、6，而在这里，飞机飞过位置3后便开始俯冲，倒转过来后又作了个反向的环形飞行（4、5、6）。这个"反向环"要困难和危险得多；只有少数技术最娴熟的飞行员才能顺利完成这个动作。

可怕一些。飞机机翼的末端划过大地与天空。蔚蓝的天空时不时突然转向一侧，而大地往另一侧转得更远，像屋顶一样悬在你的头上：天空一时间竟消失得无影无踪。疯狂的景象从你头上掠过，随后又在你脚下安定下来，开始了缓慢的移动，仿佛无事发生似的。我再重申一遍：在侧翻过程中，飞行员偶尔会感受到压力朝向安全带而不是座椅，但他一般不会觉得他本人也在侧翻[①]。这全都是他看到的景象在捣鬼。你想想生活在地球上的人，靠着太阳和星空作

---

① 侧翻的直径越小，飞行员被"印入"座椅的力道就越强，他的头部还会被朝前按，下巴被压向胸口。——原注

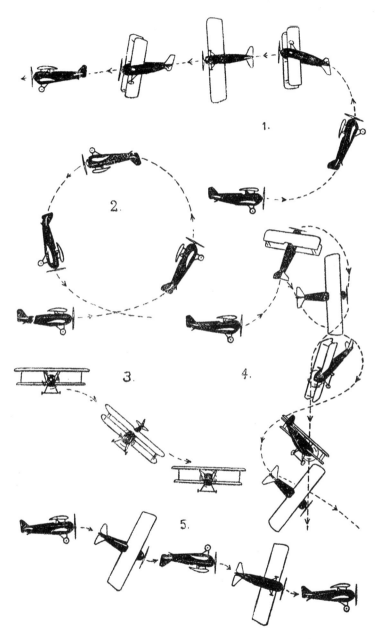

图3-11　花样飞行：1.半滚倒转；2.环形飞行；3.侧滑；4.螺旋；5.侧翻（"滚桶"）。

参照时的自我感受不也是这样吗……”

“听您这么一说，原来这整套‘花样飞行’都是自动的嘛，飞行员只要干看着就行了。”

“才不是呢！这里面对飞行员的要求可多了：要自制，要冷静，要勇敢，要充分熟悉自己的飞机，要相信自己的飞机，要具备让它彻底服帖的感觉和能力。你要注意，我们在空中所完成的事情，换作自然界中的对手——鸟类都做不到呢。单是这一点就足以说明，高等飞行动作绝不是什么花架子。尽管如此，在刚刚表演的花样飞行中，确实也有一些可怕的地方……不过你接下来还会看到各种其他的花样飞行，这就是另一码事了……”

有什么好怕的?

你又欣赏了一整套漂亮的动作，飞行员在其中尽可能将之前做过的动作结合在一起。随后是几个新的节目，你的教练员把它们叫作“侧滑”：飞机时而垂下左翼滑行，时而垂下右翼滑行，时而甚至靠机尾立起来，像根桩子一样，几乎成了垂直状态。摆脱这种危险状态的方法通常是将机头往下拉，让飞机几乎垂直地往下冲。在各种失衡的情况下，这个俯冲（按教练员的说法）都是重整姿态的最有效的手段。

"最开始这应该是挺吓人的，在所有飞行动作中都一样。要摆脱各种异常状态，飞行员会把所有的舵都扳到中间状态。然后就得耐心等待飞机自己平衡过来。当然，为此需要有一定的高度……飞机像石头一样下坠，你却安安静静地坐等它恢复正常……而且还不能慌张。时间慢得要命，叫人忍不住要去干预，去把操纵杆拉平。但这恰恰是要避免的做法；飞机必须'独力'恢复平衡。这里就需要表现出对飞机的完全信任，忍住这一时半会儿。一切干预都是对飞机的不信任，不信任等于丧失信心，衰弱意志，一切也就完了……可惜呀，并不是所有人都能表现出这种自制力呢……"

侧滑过后是一个引人注目的"落叶飘"动作：飞机维持着正常的姿态，一边平直下落一边回旋。随后飞行员把飞机升高了点儿，又做了一个头朝下的倒立飞行。教练员表示，曾有人把这个动作连续维持了37分钟！表演的最后，飞机从1000多米的高空中以极快的速度垂直下落，并且绕着螺旋桨的垂直轴旋转着。

你边看边听着解说："这里有几个动作对飞行员来说无疑也是很可怕的，远不是所有人都能得心应手。举个例子，倒立直线飞行时自然没有向心力，飞行员只靠安全带系着，且完全清楚自己是头朝下倒吊着飞行的。这不仅很吓人，还很难熬。"

"最后一个动作是螺旋，看着就更恐怖了。你看见飞机马力全开了吗？这是以何等狂暴的速度向下俯冲啊？这时的速度差不多有平时的两倍，迎面而来的旋风呼啸着，从风挡两侧疾驰而过，飞机承受着巨大的压力，每根筋都在颤抖，在尖叫。哪怕是经验丰富的飞行员，在这种时候也要尽量避免往外头看（'看地上'），因为四周的大地都在疯狂旋转，真会感觉脑袋天旋地转。这确实是挺吓人的。当然，'进棺材'[①]的风险也是很大的：万一拉平的时机稍稍晚了一点，就会跟子弹似的直接钉入地里，要是重整姿态的技术不够，令飞机不堪重负，那也就完蛋了。你可别忘了，在脱离螺旋状态的过程中，飞机会承受它在空中面临的最大的压力……"

"啊哈，就是说你们这些天不怕地不怕的好汉，在空中其实还是会害怕啦？"

"当然会啦。我只是想早点告诉你，大多数人看着可怕的地方，其实未必有什么好怕的……不过，花样飞行员已经要降落了。我们去听他是怎么说自己的飞机的吧……"

———————
① 飞行的说法，等于说"断送性命"，也就是摔死。——原注

你感谢了两位热情的飞行员，听了他们的对话却没完全搞懂，好像是说飞机上哪里有点紧了，哪里有点松了，哪条缆绳得稍微调整调整了。一句话：飞机很听话，但也很精密。

真实的危险与虚假的危险

在告别教练员之前，你又问了他一个问题：且不管飞机做的是什么动作，空中会碰上的最真实的危险究竟是什么呢？

"你想知道什么对飞行员最危险？我理解得对吗？好吧，这可是个大问题。现在来谈恐怕没时间了。但也不能不给你答案呀，所以我还是简单说几句。你已经知道了，只有当推进器推动飞机前进也就是发动机在工作时，飞机才会处于'飞行'模式或'前进'模式。要是发动机熄了火，飞机就会转入滑翔模式：它不再飞行，而是降落了。这种强行降落并不总是件愉快的事儿。万一真发生了这种情况，天晓得你会落到什么地方呢？"

"那滑翔呢？"

"当然，滑翔总能提供点选择嘛。当飞机的滑翔角平均为 1/8 ~ 1/10 时，飞行员便能在半径为飞行高度 8 ~ 10

倍的范围内选择降落地点。换句话说，如果飞行高度是
1～1.5 千米，他就能在半径 15～30 千米的圆内选择降落
地点。这倒也不坏，但考虑到风和地面始终存在的障碍物，
比如说建筑物啦，水渠啦，沟壑啦，山丘啊什么的……
万一附近全是沼泽或森林呢？哪怕只是草长得很高的田野
或草地？这可就完蛋啦，起码也是完蛋了一半！至于大海
就更不用说了。要是你掉到陆地上，飞机的骨架也没被摔
散，那还容易获救。可到了海上，就算是降落得很顺利，
你的危险也才刚刚开始：这么只心脏受损、狼狈不堪的铁
鸟，要等到什么时候才会有人把它给救起来呢？"

"难道就没有什么手段能消除飞机对发动机的依赖，哪
怕只是减少一点依赖也不行吗？话说回来，你们的发动机
怎么脾气这么怪啊？"

"你看，你这就是新的问题了，且纯粹是个技术问题。
现代的航空汽油机不够简单；确切来说，它们的运作中结
合了太多不同的进程，这就大大复杂了解决问题的手段，
很难保证绝对可靠。显然，这里的出路是改用柴油机或半
柴油机，靠重型液体燃料（原油或柴油）提供动力；人们
在这方面已经做了好几年的研究。另外，你应该也知道，
为了降低飞机对单个发动机的依赖，航空作业中也使用多

引擎的飞机。举个例子，在最常见的'三套马车'上，飞机即使报废了一个发动机也能继续飞行，哪怕两个'副驾'都罢工了也只是略微降低飞行高度罢了。这已经是个很大的减负了。也就是说，飞行员总会有在空中'制服'飞机的机会，要么就是坚持到适合降落的地点。"

然而，你又重新提到了危险的问题。

"就我个人而言，"教练员说，"再没有什么比空中起火更可怕了。据说就算是在海上，火灾也是件特别恐怖的事情，但好歹四面都是无法燃烧的水。而飞机尽管是金属做的，但只要发生了一点火灾，飞行员就活生生成了炸药旁的填弹塞^①或霰弹了：万一火势烧到了油箱，爆炸就几乎不可避免。当然，飞机上的一切设计首先都是要消除火灾隐患，最重要的地方自然是发动机了。而发生在飞机上的火灾确实特别特别少。此外，所有飞机的油箱都被严密隔绝，特别要隔开有火星的发动机环境，而且还有专门的防火材料……"

"哦，可要是万一呢？假设火灾终究是发生了，也没能扑灭，那又该怎么办？是活活被烤熟，还是被炸成碎片？"

"我不是说了吗，火灾是空中能想到的最坏的情况。但

————————
① 把子弹塞入猎枪的工具。

尽管如此，事情也不是毫无希望。你肯定听说过降落伞吧？军用飞机和体育飞机上的降落伞已经挽救了许多性命。从可靠性上看，如今的降落伞构造已经很完善了。"

"可是，一般的乘客中应该很少有出色的'跳伞家'吧？"

"没错！对乘客来说，使用降落伞就要复杂得多了，何况他们是在封闭的机舱里呢？不过，如今的飞机发明家也正在进行这个方向的研究，希望在糟得不能再糟的情况下也能给乘客提供生还的机会。我可以给你看几个有趣的设计（参见图3-13、图3-14）。例如在其中一个设计中，整个客舱可以像笼子一样从飞机脱离出来，然后客舱上打开一个巨大的降落伞，把众人毫发无损地送到地面。另一个设计则恰好相反：动力装置和起落架从飞机上脱离出来，剩下的部分依然保持操纵能力，纯粹依靠滑翔降落到地面。不错，这还只是些设计，但凡事都不能一蹴而就嘛……"

"哦，那还有什么危险的地方吗？"

"我是不该谈飞机相应部件损坏的情况的。不用说也都懂，这种情况是很危险的……但并不比汽车或摩托车的损坏危险。这也不会造成特别的空中危险，因为飞机是用最好的材料制成的，并且跟其他机器一样都考虑了坚固的要求……天气的危险也是如此。风暴对飞行员自然是危险的，但它对水手难道就不危险了吗？航空的大敌我们已经谈过了，是雾。但你肯定也听说过，当海路和水道或港口被大雾笼罩时，也常常会发生不幸的事故吧？多亏有了不断完善的航空导航手段和专门的地面设备，如今白天的雾气和夜晚的黑暗已经多少得到了克服……近年来飞行事故的统计数据有力地证明，航空中的事故比例比铁路上的还要低……不，咱们还是别再谈危险了吧。我老老实实地把一切都讲给你听，是觉得这并不会把你给吓倒。不管怎么说，你已经亲自上过天了嘛，你的个人印象对这个问题应该最有发言权了；希望你的第一次飞行不会是最后一次飞行。"

你热烈地谢过了殷勤的教练员，友好地和他告别，而心里还记着他们的艰苦体验；对他们来说，终生待在地上无异于在地上爬着过活，于是他们开始与鸟类竞争，体验到了某种新的、别样的存在形式……

*　*　*

在本章中，作者以从未上过天的读者的视角展开话题，但也不可能涉及这类谈话中可能出现的所有问题。或许作为读者的你对此还不太满意，但我作为作者只要能让你产生兴趣，促使你争取机会去坐飞机，直接在空中体验这些感受，那我也就心满意足了。

图3-12　飞行员乘着降落伞降落到机场的边缘。

图3-13 帮助机组人员和乘客从空中火灾逃生的设计：逃生手段是一个巨大的降落伞。

图3-14 另一个空中火灾逃生的设计：分离出动力装置和起落架，飞机就变成了滑翔机。

第四章 纸航空

——

连纸都不用

拿一根稍大的尖头缝衣针，在纸上画个靶子，试试把针投到靶子上。要想命中目标，就得走到离目标非常近的地方，否则实验根本无法成功。

"而我呢，"最早做这个实验的法国物理学家柯缪说，"会走到离墙三步远的地方，然后向靶子投针，一根接着一根，且绝不会失手。"

　　为了证明实验里没有什么把戏或欺诈，柯缪让观众每次报一种颜色，再用这种颜色的丝线系在针上，以便区分投出去的针。

图4-1　投掷带有丝尾的钢针。

　　实验总能圆满成功；而实验者的认真态度也没什么好怀疑的。

　　你也可以试试用彩色或白色的丝线来"转移注意"。你会发现，钢针到了你手里就像羽箭一样听话。没错，就是跟羽箭一样：这里的丝线正是奥秘所在，因为它起到了箭羽的作用，确保钢针在飞行过程中能保持稳定的姿态，既不会转向也不会翻转。这其实就是"佩诺机尾"，它保障了最早的滑翔机和飞机模型在空中飞行时的稳定性（参见第二章）。

　　弹性的丝尾就像是箭矢的尾羽，它能在平均2米的距离内自动维持钢针的姿态，所以要让针命中目标也就很简单了。但没有丝线的实验总会以失败告终，不了解个中奥妙的人便会惊叹于你高超的技巧了。

飞镖

有谁不曾在上学时玩过用坏钢笔做成的飞镖呢？既然如此，我也就不必专门解释它的结构了吧？从图上已经看得清清楚楚了。

在这里，起到丝线作用的是纸做的十字尾翼，这种飞镖能完美地飞过 8 ~ 10 步或更远的距离，并非常精确地命中目标。往高处投飞镖也是个很有趣的游戏，当飞镖达到最高点时，便会自动把尖头转向下方，然后以越来越快的速度往下坠落（这里只需小心一点，别让飞镖掉到人头上了）。

在战争中，这种"玩具"曾被用来从飞机上对大批敌军进行打击。这些钢镖如圆形的铅笔，

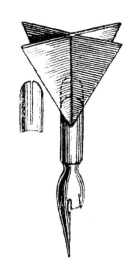

图4-2　飞镖——带有纸羽的钢笔。

一头尖，另一头是十字的镖尾，从 1 ～ 1.5 千米的高度扔下去，到达地面时已经有了枪弹的速度，正好落在人身上便会把他扎个透心凉。有一种带有十字形尾翼的子弹也是同样的作用原理。

图4-3　飞弹（用铅合金制成）与铅笔形的钢镖。

牵牛花降落伞

下面是一种既有趣又有教育意义的飞行玩具，每个人都能在 1 ～ 2 分钟里把它做出来。

剪两张长约 15 厘米、宽 1 ～ 2 厘米的纸带。把其中一张放在另一张上面，再从一头算起量出约 10 厘米的长度，在那个位置把两张纸带拧在一起形成根状。把另一头约 5

厘米长的部分往两侧展开呈桨叶状，令两张纸条之间形成一个近似的直角。此外，两片桨叶必须稍稍扭弯一点，一片往左，一片往右。

把这个玩具根朝下倒拿着，站在地板上或爬上桌子、椅子或窗台，从头部的高度往下扔。它先是直直坠落，然后开始旋转，绕着根部转着圈儿，旋转速度越来越快。桨叶在这个过程中形成了漏斗状的连续凹面，很像大家都熟悉的牵牛花。

这个纸牵牛花究竟是什么呢？首先它是个风轮，是风车的叶片，下落时受到空气阻力而旋转。这里的现象和抽风机里的恰好相反：抽风机里是多叶的风轮，在原地转动并产生气流，而这里是降落的风轮，只有两个叶片，且自己就能旋转，仿佛是在降落中旋进了空气里。其次，与普通的掉落相比，叶片的旋转能在降落时制造出更强的阻力：不仅如此，叶片还会制造出垂直向上的作用力，

图4-4　牵牛花降落伞。

这就更加强了伞降的效果。

如果你用不同颜色的纸做出几十个这样的纸牵牛，找个宁静无风的天气，抓起一大把纸牵牛透过窗子朝着楼下玩耍的孩子们头上扔去，便会为他们和你自己都创造出许多欢乐。你会看到，这些"小蝴蝶"在空中轻盈而优美地旋转着，孩子们快乐地追在后面奔跑……

澳洲的回旋镖

你肯定听说过澳洲土著的武器"回旋镖"吧？在那个森林众多、金属匮乏（当时的人还不懂得开采金属）的国度，土著人发明了一种极其巧妙的武器，并在千百年的时间里掌握了惊人的使用技巧。到了技艺精湛的人的手中，回旋镖不仅能在空中画出各种各样的环结和图案，还能按着主人的意愿飞回它出发的地点。不过是块简简单单的木头，里面没有任何机构，怎么会有如此神奇的性质呢？这一点很久都没有正确的解释；直到 20 世纪，随着航空业的发展，许多空气动力学的现象得到了阐明，人们才解开了回旋镖的谜团。

问题的本质在于，每个回旋镖在某种程度上都是个推进器，它的叶片绕着某个轴旋转，就像上一节提到的玩具"纸牵牛"一样，"花冠"绕着根部的轴心旋转。这些叶片的形状、曲度和相对平衡性正是回旋镖的关键奥秘所在。土著人在千百年中锻炼出来的技术，能让回旋镖随着不同的投掷方式在空中画出神奇的图案，叫旁人看来简直像在变魔术。这里的原因其实是两个力的相互作用：其中一个是投掷的力，能让回旋镖按着通常的轨迹运动，就像在特定方向上获得初速度的其他运动体一样；另一个力是空气阻力，能让叶片或快或慢地旋转，改变其飞行轨迹，让整个武器时不时受到自身旋转的影响。这就解释了回旋镖最

图4-5　不同形状的澳洲回旋镖（莫斯科鲁缅采夫博物馆的藏品）。

令人不解的回旋能力：当投掷的力渐渐变弱、接近于零的时候，回旋镖便会在自身叶片旋转的作用下掉头飞回去。

投掷的力与回旋效果之间的关系便决定了回旋镖在每个特定时刻的表现。

回旋镖的实验也可以在室内进行，只不过没有放"纸牵牛"那么简单；不管是挑选大小形状合适的回旋镖还是进行投掷，都得经过长时间的练习才行。

我们选用板纸，比如名片或厚度合适的相册纸（也被用来做书皮），或者直接用明信片都行。在纸上按着图4-5画出几个形状，然后剪下来，左手两个指头捏住，右手一个指头一弹，这便是投掷的实验了（参见图4-6）。熟悉了这个练习之后，你就能让回旋镖画出一道约2米长的弧线再飞回来，要是继续精进技术的话，还能画出其他各种图形呢。

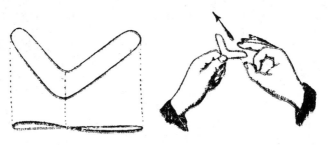

图4-6 投掷硬纸回旋镖
（左边是叶片的扭曲方式，可参考推进器的结构）。

　　遗憾的是，用纸做回旋镖并没有精确无误的说明书可以参考，因为这里面最关键的是纸的质量——重量、密度和光滑度，外加投掷的方法，而这只能靠练习琢磨出来，不同人的投掷方法往往也不相同。回旋镖的两个叶片最好能做成等重的，也就是说，如果叶片的长度不等，短叶片就要比长叶片宽一些才行。两个叶片之间的角度不能小于直角，也不能大于直角的 1.75 倍（90°～ 165°）。两个叶片间必须做出一处扭曲，并在每次投掷中都对其进行调整和修正。至于回旋镖的尺寸嘛，你可以试试不同长度的叶片，从 1 ～ 2 厘米到 5 ～ 6 厘米（每个叶片的长度数值指的是从末端到弯曲处的长度）。只要遵守了这些条件，并有足够的耐心去练习，每个人都能在自己的房间里用澳洲回旋镖画出神奇的图案。

　　为了确保投掷的动作一致，还可以使用一种小型弹射器，用软木塞加上发簪就很容易做出来。

　　在软木塞上预先打出一处缺口，在缺口的边缘固定住发簪的一端，弯曲成字母 Π 的形状，能自由活动的另一端则穿过缺口。首先把发簪的弯曲处在圆铅笔上打磨 3 ～ 4次，令其具有弹性（参见图 4-7）。左手拿着弹射器，右手按照图中箭头指示的方向，用大拇指把未固定的一端往后压向软木塞的中央，同时将回旋镖的一个叶片架在缺口上；松开未固定的一端后，回旋镖便会被投出 3～4 米远的距离。

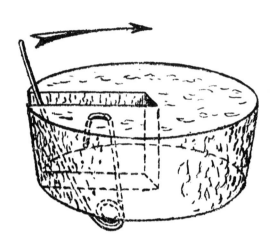

图4-7　用来发射硬纸回旋镖的手持弹射器。

滑翔箭

纸箭也是小学生中特别流行的一项游戏。这纸箭与前面描述的飞箭之间有着本质的不同。飞箭纯粹是靠发射时获得的速度才能飞——这个初速度越大，发射距离就越远。而这里说的滑翔箭是按着滑翔的规律在空中滑行的，它具有的初速度是根据箭的大小、重量、发射角度等条件来确定的。

制作纸箭就和前面说过的"小蝴蝶"一样简单。拿一张四开的书写纸，沿着长边对折。然后按照图 4-8 的指示，从这张纸的外侧沿线 AK 和 AL 折起两个角。这两个折起的角再往相同的方向折两次，每次都要让点 A 精确地把角平分成两半；也

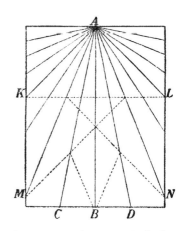

图 4-8　如何用纸制作滑翔箭；实线为折痕，虚线为折叠时折叠部分的位置。

就是说，首先沿着线 AK 和 AL 折，然后沿着线 AM、AN 和 AC、AD 折。折出来的 ACD 图形再往外沿着 AB 轴折叠，翅膀从两侧折下来，形成一个水平面，并在与之正交的方向上做出一个三角形的垂直稳定面（参见图 4-9）。这样一来，纸箭就做好了。

用不同密度和大小的纸张做出纸箭后，你便可以把它们用不同的姿态或不同的力度发射出去，甚至可以让它们不带初速度地自由下落。当然了，当你每次抓着下方的垂直稳定面准备发射时，都得仔细地把成型的纸箭上的折痕弄平。下文还会提供其他几种纸滑翔机的制作说明，为了根据重量对纸箭进行调节，将这些说明纳入考虑也是很有

好处的：这里特别有用的是用来固定公文用纸的铁夹：把这种夹子夹在垂直稳定面上，不仅能保持纸箭的形状，还能将纸箭的重心前移或后移，从而起到调节飞行稳定性的作用（这是飞行员 A.E. 拉耶夫斯基"未公开的专利"）。

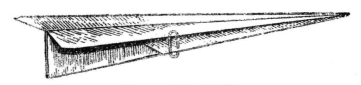

图4-9　做好的纸箭。

在上述的折叠方法中，纸箭的水平面前端的角度自然都是相同的：1/8+1/8 个直角（22.5°）。但是，由于所取纸张直角的长短边之比可能不同，即使是重量相同的纸箭也会有不同的长度；拿两张完全相同的纸，按不同的折叠方法（一张沿着长轴折，另一张沿着短轴折）做成两只纸箭，就很容易验证上述结论了。四开纸的长短边之比约为 5：4。飞行效果最好的纸箭大概是用长短边之比 4：3 ～ 3：2 的长方形纸做成的。

在集体活动中，比赛谁的纸箭飞得高、飞得远是件非常有趣的事情。这可以是用同一种类型的纸箭，也可以自由选择纸箭的形状、大小和材料。

滑翔鸟

我们可以用各种样式的纸张做出滑翔能力很强的纸鸟，只要每次都考虑好纸的大小和质量就行了。

这里自然也必须对中心位置进行必要的调节，这可以通过在适当的位置加一小块蜡、火漆来实现。

用几层纸折成的纸鸟最能保持形态稳定。图 4–10 中的小图 1～6 便是其中一种折法。

拿半张书写纸（参见小图 1），沿着线 AB 和 CD 折两次，并且纸角每次都要先往上折再折回来。第三次折叠沿着线 EF 进行，但上半部分要往下折。等做出最后一道折痕之后，把纸重新弄平，折痕 EO 和 OF 往上拉对齐，然后把整个图形压起来，形成一个平整的表面（参见小图 2）。最后一步：∠A 和 ∠C 分别沿着线 KM 和 KN 往上折，末端在点 O 处相交。然后把四层纸都往上折，沿着以下几条线做出折痕（参见小图 3）：AP 和 PK、CR 和 RK、MP 和 NR（把点 O【A 和 C】和点 K 处的 45°角平分）；∠AMK 和 ∠CNK 对折后在线 OK 处对齐，形成一个竖直的三角形 PQR（参见小图 4）。等上述

步骤都完毕后，把图形的上端沿着线 PR 往后折，下端沿着线

DG 和 BH 剪开，两侧沿着线 GJ 和 HI 折起（参见小图 1）。

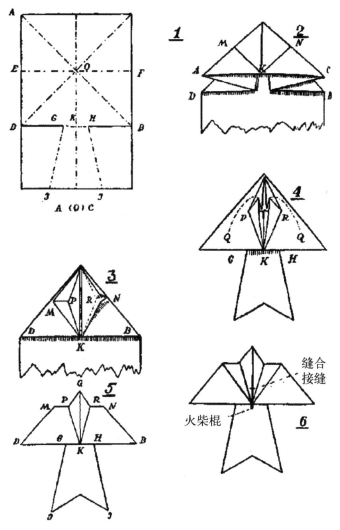

图4-10　如何制作滑翔鸟：1—纸张及折痕（虚线）和两道切口（实线）；2、3、4—各个折叠阶段；完成的纸鸟；5—俯视图；6—仰视图。

做出来的纸鸟以 OMNB 为翅膀，以 PQR 为头部，以 CHIJ 为尾部（小图 5）。如果在点 K 附近用丝线或装订旧练习本的铁丝把它缝起来，这只纸鸟就能很好地维持形状不变；往肚子下方的缝线处塞入一根火柴，一头劈开，把向下弯曲的尾部插入裂缝中（小图 6）。

如果你再对它做点调节，装上几块重物（蜡块、大头针、火漆之类），把翅膀的末端向上折起一点，并选出最佳的尾巴形状（往往还得把尾巴剪短），这样的纸鸟就能飞得很棒了。

滑翔机

纸箭和纸鸟在滑翔中只能进行直线飞行，因为它们飞行的方向和高度很难调整。

因此，如果滑翔机能跟真正的飞机一样，装备上各种操纵舵，那就更有意思了。这些滑翔机和飞机一样，能在空中画出各种曲线轨迹和千奇百怪的图形，甚至是表演某些高级飞行特技。

"可这一定很复杂、很麻烦吧？"刚入门的航空迷大概会这样想。

你看，并非如此……还是跟前面一样，用纸张和剪刀做工具，每个人都能轻轻松松地做出一只小滑翔机，并利用它观察到几乎所有的飞行动作，而这项工作仅仅需要一个小时左右。滑翔机本身的制作甚至只需 15 分钟。拿一张中等密度的四开书写纸，从上面剪下一个边长 13 ～ 14 厘米的正方形，将其中一边折起约 1 厘米的宽度，连续折叠 3 ～ 5 次：这便是机翼前端的厚边。随后把整张纸沿着这条边对折，卷起的一边朝外。做出来的三角形约为 65×100 毫米，按着图 4-11 的加粗线条在上面描出整架滑翔机的轮廓。仔细地用剪刀把这个轮廓剪下来，你便得到了滑翔机的完整剪样。剩下的只需沿着线 ND 把两半朝着不同方向整齐地折起来，你就会得到两片机翼（KD）、桨状的机尾和升降舵（虚线 MN），后面还有转向舵（ACN）以及与转向舵构成一个平面、沿着整条纵轴延伸的垂直稳定面 ANDB。

为了防止各部分散开，你得用一小块蜡或火漆把垂直稳定面前端点 B 与 D 之间的部分固定住，其尾部点 A 附近稍微用胶水粘一下。

滑翔机这就做好了。然后来进行调整。从胸口的高度放飞，稍稍推一下即可，注意观察小飞机的所有动作。如

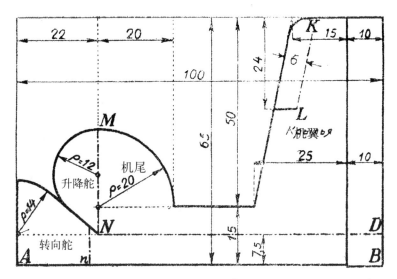

图4-11　如何制作滑翔机。具体步骤参见正文，图上数字的单位均为毫米（该图示与实物大小相当）。

果它头朝下倒栽下去，就说明头部太重了：为此需要减少加厚的机翼前端边缘的纸张层数（把边缘展开，从末端剪掉1～2层）。反过来，要是飞机平平地掉下去，或者像枯叶一样在空中飞舞，或者呈"之"字形前后滑动——这就说明尾部太重了；为此需要用蜡块或火漆增加头部的重量，或用大头针或火柴从前端插入垂直稳定面的折叠处。最后一种情况：如果滑翔机向一侧倾斜，或表现出横向的不稳定——那就得检查滑翔机两个半边是否对称，所有操纵舵是否处于正确的位置上。要想提高机翼的侧向稳定性，制作一个横 V 是很有帮助的（所谓"横 V"是指机翼的一种状态，两片机翼不处于同一平面上，而是形成一个二面角，机翼的末端往上翘起）。

就这样调整几次后，你从头部的高度放飞小飞机，它便能平稳飞行而不会前俯后仰了。

在调整之前，不能乱碰那些操纵舵，还得注意不让它们偏斜。直到调整结束后，准备做花式飞行了，你才能转动升降舵和转向舵（从两侧沿着线 MN 操作）或稳定性侧翼（即副翼，沿着线 KL 操作）。

但不管在什么情况下，如果没有要求移动操纵舵，你就得让它保持在中间状态，也就是不偏不倚地保持在原来那个平面上。利用操纵舵最容易让滑翔机做螺旋飞行，也就是转着圈儿下降。为此需要把转向舵往左（或往右）转，并把副翼弄斜一点：左边的往下弄，右边的往上弄（或右边的往下弄，左边的往上弄）。把小飞机做成这样放飞，它便会朝左边（或右边）螺旋下降，螺旋的幅度取决于转向舵偏转的大小。

有了螺旋的基础，要做尾旋就很容易了，为此只需保持副翼倾斜，将转向舵转到相反的方向，也就是朝向下垂的那片副翼。把飞机从几米的高度放飞，它便会一边绕着垂直轴旋转一边做垂直俯冲。

　　想看半滚倒转吗？把转向舵和副翼保持在螺旋时的状态，升降舵稍稍往上。把这样调整的滑翔机扔出去，它便会急剧升空，绕着一侧机翼翻转，再做螺旋滑翔。想看环形飞行？只需把升降舵拉高，在机头多装几个大头针即可，1——2——3，用力把滑翔机往上扔，它便会扬起机头，画出一个完美的环形。

　　耐心地花半小时去研究这架滑翔机，做完上述所有的动作，你就能学到很好的一课，为手工制作"橡皮筋发动机"飞机的实验打下基础。但我们还要重申一下：要想顺利完成花式飞行，模型必须在各方面都调整得好好的，使用的纸张也不能弄皱。

　　如果还想制作更大的纸滑翔机，你就得注意以下事项：

　　①当翼展增大到20～30厘米时，就不能再用写字纸了，而要改用更结实的相册纸，比如用作练习册封面的蓝色相册纸。②机翼的前端边缘可以安装不同的固定物，比如说硬纸条（如英国产的道林纸）或细木板。③机身应当做成盒状，横截面应该是矩形（正方形）或三角形的。④为了保证结构稳固，最好用针线把各部分缝起来。

"飞蛇"的必备知识

玩过各种室内的航空游戏后，我们走到室外来看看吧。风筝正是这方面最有趣的游戏，但这个游戏也是极具教育意义的。

先说明一下风筝各部分的名称。用杆子或板条做成的骨架是风筝坚硬部分的集合，蒙皮则是充当风筝支承面的纸面或布面。骨架和蒙皮一起构成了风筝的封面；封面又可分为骨架所在的背面和朝向地面的腹面。风筝线是把风筝与地面相连的丝线、粗绳、细绳或金属线。系带是把风筝本体与风筝线相连的弹性部分；系带由几条单独的绳索组成，叫作缰绳。风筝的稳定机构是专门用来保障风筝稳定的部分，比如说风筝的尾巴和翅膀。

风筝的基本要求是轻巧、牢固和稳定。

前两个要求缺一不可，不能顾此失彼。当风筝的承重为每平方米表面 0.3 ~ 0.5 千克时，3 ~ 4m/s 的微风就能轻易地把它升起来。这个数值叫作风筝的比重。必须始终根据风筝封面的大小来选择最坚固的材料。纸风筝的封面至多是 1 平方米——个别情况下可达 2 平方米；在这种条件下，风筝的重量能达到 300 ～ 500 克（当然，碰到更强的风时承重也可能会更大）。

要想让风筝在空中保持稳定，需要满足以下条件：①风筝的封面必须均衡，应当具备一定的自动恢复平衡的能力；②风筝线应以合理的方式固定在封面上；③要为每个风筝挑选专门的尾巴。

第一个条件靠的是细心谨慎地工作，保证各部分相对于纵轴的形状和重量都对称。把风筝的腹面做成凸起的也能降低任务的难度（详见下述）。就风筝封面的比例而言，最合理的比例是 3：2 ～ 4：3 的长（高）宽比。

第二个条件靠的是系带的正确构造。飞行中的风筝的迎风角一般是 15°～ 25°（指刮水平风时封面与水平面之间的夹角）。在这个角度下，风筝的压力中心（空气阻力中心）位于从上缘算起占总长约三分之一的位置。很明显，要想保持平衡，就得让系带始终固定在这里。而风筝线会随着风向变化朝着不同的角度倾斜，为了适应风筝线的走向，就得对杆子进行不同的调节；这要么只能通过试验来摸索，要么就是在纵轴方向的一条杆子上绑一条足够结实的橡皮绳（也就是大风筝上的弹性系带）。

前面说过，尾巴的作用是在风力和风向急剧改变时令风筝保持稳定。尾巴就像一个刹车，强迫风筝稳稳地停着，不让它"乱滑乱动"。尾翼的长度是封面的 6 ～ 10 倍，且主要是增加风筝下半部分的重量。尾巴的长度和负载要在实验中确定。

总的来说，在做风筝和放风筝的过程中，经验发挥着非常重要的作用。每次放飞能达到的最大高度往往取决于放风筝的人有多少经验。

举例来说，纸风筝的飞行高度有限，因为它们通常做得很平又不够大[1]。其平均上升高度为 200 ～ 300 米，最高也不会超过 1000 米。在设法把风筝放得更高时必须记住一点：风筝的高度通常只能达到放出的风筝线总长的50% ～ 70%（极少达到 90%），且随着高度增加，整个风筝和系带都要承受放出的风筝线的重量，这个重量在 500米左右的高度就有 1 ～ 1.2 千克了（按麻绳质量计算）。

---

[1]　气象风筝和军用风筝通常是箱形的，且成群（连串）放飞，这就大大增加了风筝的稳定性、升力和飞行高度。风筝的飞行高度纪录是 1919 年在德国创下的，为 6740 米。——原注

最简单的风筝

最简单、最流行的风筝是四边形风筝：方形的风筝在俄罗斯比较常见，而沿着长对角线对称的斜角风筝在西欧和美国比较常见。

俄式方形风筝可以用报纸、书写纸或薄包装纸（最好是光面纸，只有单面光也行）之类的材料糊成。其面积从 0.5 ～ 1 平方米不等，为此需要 2 ～ 8 张书写纸大小的纸张（如果风筝的面积太小，比重就会过大）。图 4-12 是用 2 张书写纸做成的风筝。上面有三条横截面为（12 ～ 15 毫米）×（1.5 ～ 2 毫米）的板条，两条沿着对角线方向，一条沿着水平方向安在上缘。这些板条最好是拿树皮制品、篮子、筐子或抹墙工作中用的夹板或灰板做成。要是你手头没有这些材料，也可以用优质的松木条做板条，但一定要先把木板劈碎或劈

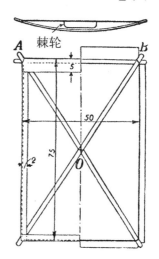

图 4-12　俄式方形风筝。左半部分已粘贴完毕，右半部分尚未粘贴。长度单位为厘米。

细，否则就很容易折断。考虑到缰绳会向外弯曲，图中所示风筝的对角线板条应为 70 ～ 80 厘米，水平板条约为 45 厘米。

比较一下图的左右两边，就会发现蒙皮的边缘要折向风筝的背侧，这是为了保证风筝稳固。根据纸的质量和大小不同，可以沿着风筝外缘在折起部分的里面拉一条坚固的丝线、细绳或带子（比方说甜品店用来捆绑商品的系带）。把蒙皮的边缘都折好，边角都修剪完毕之后，要按着这张完成的蒙皮精确标记所有板条的长度，在末端做好刻痕记号。当然了，用作蒙皮的纸张也必须是完整没弄皱的。

要把蒙皮固定在骨架上，可以用面粉（最好是土豆淀粉）做成的糨糊。首先固定好顶上的横板条，再往上面加两根对角线板条。保持这个位置不动，将内十字和顶角的板条交叉处连接上，便能一口气把整个骨架粘起来。然后粘好蒙皮折起来的四条边，并立刻把风筝放到平滑的地板或桌面上（最好是在中央），沿着粘贴处把整个封面好好地压一压。

过了几个小时，等风筝干透后，要对它进行做弯。这是为了增加风筝的横向稳定性——滑翔机和飞机的机翼末端向上翘起（横 V 形）也是为达到这个目的。而风筝的封面只有上半部分要做弯：拿一条结实的细绳系在刻痕处，把顶端的横板条拉弯；其挠度[1]取决于风筝的大小，为2～5厘米（弯曲方向自然是朝下的）。

系带由三股缰绳组成。顶上的两股由一条线组成，其两端都系在风筝的顶角也就是点A和点B处，与交叉的板条相连；在连接状态下，这条线应令风筝封面的对角线（AO和AB）长度保持相等。第三股缰绳一头连着内十字的交点O，另一头连着前面那条线的中点；其长度约等于风筝封面长度的一半。

最后把尾巴系在对角线板条的下端。几条缰绳从封面出发，在相当于封面总长2～2.5倍的位置相连，再从连接处引出一条线，比每条缰绳都长2～3倍。最后的这条线要缠上揉皱的纸或破布（长6～10厘米），末端再系一个用纸或破布做成的穗儿或绒球。

斜角风筝的制作也是按照这些基本规则。图4-13是装好了两根对角线板条（从背后看是长板条叠在短板条上面）的风筝；十字交叉部要包裹起来，横板条可以做弯。沿着轮廓拉一条细绳或丝线。图4-14是梨形风筝，其中一根

---

① 挠度或挠矢指的是弧的中点与连接该弧两端的直线（弦）之间的距离。——原注

板条是垂直的——AB，另一根板条弯成半圆，末端朝向线 CB 和线 DB。细绳把圆弧 CAD 的末端拉住，并且这条绳子必须固定在板条 AB 的点 O 处；沿着下方轮廓 CBD 拉起另一条细绳。

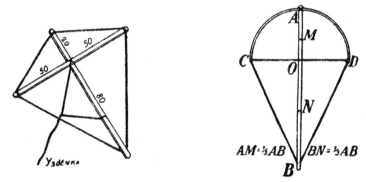

图4-13和图4-14　斜角与圆角的平面纸风筝。粗线为细绳。M和 N 为双缰绳系带的固定点。

系带或是由两条抑或是由四条缰绳组成。在前一种情况下，系带上边的一端系在十字的位置（图4-13）或点 M 处（图4-14），到顶部的距离约为 AB 总长的三分之一，下边的一端系在点 N 处，到底部的距离约为 AB 总长的三分之一；整条系带的总长约为 MN（或 ON）总长的 1.5 倍。由四条缰绳组成的系带参见图4-15：所有缰绳都系在板条上，连接点为 K、L、M、N，大致位于各板条的末端与交点 O 的连线的中点位置，拉紧的系带结应位于点 O 的正上方（在梨形风筝上还要更高）。总之，在实践中必须时刻对系带进行调整。

尾巴直接系在垂直板条的末端，不需要专门的系带。

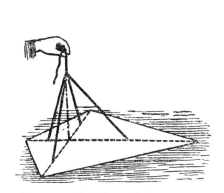

图4-15　对斜角风筝中的四条缆绳系带进行调节（系带的顶点应落在对角线交点的铅垂线上）。

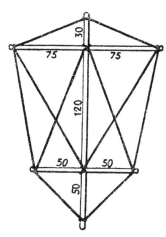

图4-16　高约2米、面积2平方米的大型纸风筝的一种可能形状。粗线为细绳；数字表示各部分的长度，单位厘米。

当你制作不同大小的风筝时，要始终选择合适的材料。1平方米以上的风筝用宽12～20毫米、厚5～6毫米的松木板；板条相交的地方可以做几个接榫，再钉上几枚小钉子（必须是钝钉子，免得刺伤人）。

曲面风筝最好用柔韧的蘸草或芦苇制作，没有的话就用柳枝或劈开的竹条。要想让板条或枝条保持弯曲，就得把它们的水分蒸干，可以在炉上烘烤一番。

蒙皮自然要根据风筝的大小来挑选；如果封面较大，粘贴蒙皮时拉几道稀疏的丝线网是很有用的，这样能够增加封面的强度。

要想确定风筝会不会太重，就得称一称完成的风筝的重量。平面风筝的比重应为 0.26 ～ 0.28；也就是说，每 0.25 平方米的封面可以承受 70 ～ 75 克的重量，每 0.5 平方米可以承受 130 ～ 140 克[①]。

花式风筝

各种规则读起来总是很无聊的：这儿得这样，那儿得那样，这儿要小心，那儿别搞错。众所周知的是，就连最简单的技术活也免不了要遵守规则呀，而在航空业中，我们得在极为罕见的环境中工作，所以必须做得特别严密、准确。何况我们还想指出能取得最佳结果的途径。

但只要在试验中掌握了风筝制作的基本规范，接下来的就要好玩得多、欢乐得多了。给前面试验过的简易风筝用各种方法上色——用煤块或颜料涂满颜色，这也挺叫人

---

① 更重的风筝当然也能飞得很好，但这就需要更强的风。——原注

开心的。更有趣的是制作花式风筝——先是圆形和星形，后有蝶形、鸟形、人形等。不管是哪种风筝，都得做实验才知道怎样做才好。

图 4-17 至图 4-21 提供了一些示范，告诉你花式风筝的骨架要怎么制作，又能画上怎样的图案。为了保持平衡，这里必须特别关注弯曲部分的对称性，所以弯曲时要用相同的板条（从不同的方向弯），且最好是一次性做好。如果风筝封面的轮廓是曲线，且外围没有坚硬的骨架，包边时便可以采用细金属丝，并拿几张更结实的纸剪成纸条，在金属边框与蒙面连接之前，用这些纸条缠绕粘贴在边框上，把它包裹起来。

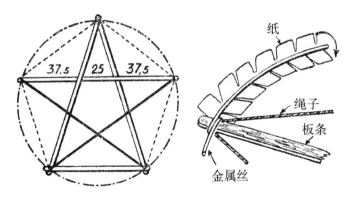

图 4-17 和图 4-18　多边形、圆形和星形风筝的制作方法。图 4-17 中的粗线表示细绳，虚线表示轮廓或封面的可能位置。图 4-18 是为大型圆形风筝制作坚固的外缘的方法。

图4-19和图4-20　风筝封面图案示例。这里只需把握图案的关键线条，不必拘泥于细节。

图4-21　蝴蝶风筝（翼展1～1.5米）。

图4-22和图4-23画的是两种与人等高的风筝："小丑"和"套娃"。这里必须特别小心地连接各个部分，保证整个封面足够坚固。因此在组装骨架时，最好是先在光滑的垫板或地板上整齐地描出轮廓，然后在图纸上进行整个捆绑工作；在细绳与板条相交的位置，必须先把细绳缠绕起来，然后再捆在板条上面。手掌或脚掌的位置用轻树条做成椭圆形的套环，并固定在完工的骨架上。

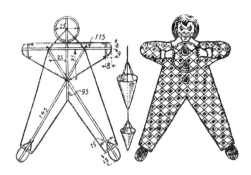

图4-22 花式风筝（骨架长度单位为厘米）。手脚用柔韧的树条做成套状。中间是用作尾巴的小降落伞。

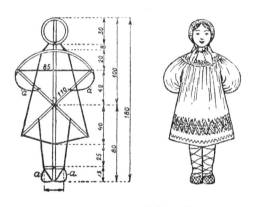

图4-23 另一种花式风筝。

后两种风筝的蒙皮最好直接用彩纸制作。举例来说，你可以挑选自己喜欢的彩纸，裁剪出人物服装的各个部分；只需在外围留出 1.5 ～ 2 厘米的宽度用于粘贴即可（对于朝向外面的部分，骨架外缘留出的宽度要更大点，4 ～ 6厘米）。当蒙面的彩色部分全部剪完之后，把它们整齐地粘在一起——最好是按着组装骨架的图纸，等胶水晾干之后，再把整张完工的蒙面粘在骨架上。

　　系带和尾巴的做法和之前一样。重要的是，系带的顶端（结点）应位于风筝封面的上方，到封面上缘的距离为整个封面长度的三分之一。尾巴也可以由小降落伞组成，也就是用布料缝成或纸张粘成的锥形"漏斗"，其箍圈（用树条或金属丝制作）半径为 10～20 厘米。小降落伞系在风筝的尾巴尖，用于增加尾巴的长度，到风筝的距离为封面长边长度的 3～5 倍（参见图 4-22）；降落伞的数量要通过试验确定：数量越多，风筝飞行时就越不稳定。

　　另有一种形状的风筝如图 4-24 所示。箱形风筝是一种封面不对称的风筝，因此要在试验中进行更长时间的调整，找出最合适的系带位置，并确定纵向平衡轴的位置。老实

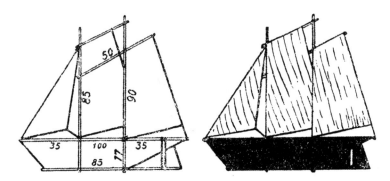

图4-24　箱形风筝（不对称）图中的板条有：前桅（左，全长85厘米），后桅（右，长90厘米），甲板（较高的水平线，长100厘米），龙骨（较低的水平线，长85厘米）和上方两条挂船帆的杆子（分别长40厘米和50厘米）。剩下的线条表示细绳。船帆用布料制成。

说，后面这一点做起来还挺简单的——只需把完工的风筝封面吊在细线上，细线又系在桅杆的顶梁上，并令桅杆垂直竖立；过细线和顶梁的交点与桅杆平行的直线便是纵向平衡轴了。系带和尾巴都要固定在这条轴上。为了让风筝的形状更多样，颜色更好看，可以用轻质的白色布料（如亚麻纱）做成风帆蒙面，并留出缝隙，这在碰到剧烈阵风时对保持风筝的稳定很有帮助。

放风筝

不大的风筝可以由一个人放，但有个助手总会方便点。选好合适的地点，也就是没有障碍物（树木、建筑）并且尽可能平坦的地方，你站在上风的方向拉着风筝线，离风筝 15 ~ 20 步远的地方；助手要在下风处拿着风筝，把风筝垂直地拿或举到头上，让风筝的尾巴拖在地上，迎着风吹来的方向。等到来了阵合适的风，放风筝的人便拉紧风筝线，发出"放飞"的口令，自己则顶着风跑去。等风筝飞起来后才能放出风筝线，等拉力减弱后才能停止放线。

放风筝时有个简单又好玩的游戏，那就是在风筝上挂点轻的东西做成响片。

图4-25　放纸风筝。

响片安装在风筝封面的背侧：那里有一条令风筝翘起的横向细绳，在细绳上粘一小张剪成弓形或圆角四边形的对折纸片（参见图 4-12）。纸片能绕着细绳自由旋转，在风吹动下会快速振动，发出响声，在地上的人听来就像是低沉的轰隆声或发动机的噪声。这种响片自然可以装在任何形状的风筝上面。

你可以沿着风筝线把一些物件送到空中。其中最简单的便是所谓"电报"了——这是些方形或圆形的小纸片，最好是彩色的，在中心剪个平滑的小洞，并开条缝通向边缘；"电报"通过这条缝挂在风筝线上，然后在风力的作用下由下往上吹，直到系带的位置。大型风筝可以往空中运送纸"漏斗"，其形状就像前面建议装在风筝尾巴上的小降落伞（参见图4-22）。在风筝线上装个金属或骨质的轻环，这些小降落伞便也能往上升。为了让放风筝更加有趣，你还可以把放飞的"漏斗"做成各种图形，比如飞龙、小鱼、蜥蜴、鳄鱼等；在纸上把图形画好，然后分成两半粘起来，尽量做成一个类似圆锥的形状，并且一定要用芦苇或柳条做几个小箍环插进动物图形的嘴里，用来把它们挂在风筝线上。

要是风筝的拉力或升力很强，就可以沿着风筝线把装有若干小降落伞或风帆的"小马车"（用火柴盒或桦树皮制作）送到空中。如果在风筝上升的过程中，随着风筝线不断放长，往风筝线上系些铅笔般粗细的钩钉便能形成一连串飘在空中的图形，每个图形在上升过程中都会被钩钉挂住末端。当然，这个操作必须连贯进行，也就是说，每个图形或"马车"都得在下一个钩钉系上风筝线之前放入空中，而风筝线上还得挂些扣环来固定钩钉，同时又不能破坏风筝线的完整。

如果是在傍晚或夜里放风筝，你可以用类似的办法把小灯笼升到空中，为了防止颠簸时着火，最好是把灯笼做成球形。这里也有很大的空间去发挥个人的创造力和想象力。

第五章 自制飞机

手工飞机和飞机模型

"能不能靠自己的本事制作飞机,并让它跟真的飞机一样飞行呢?"

"可以,而且还不是特别难。"

"不过,为此就必须熟悉飞机在空中飞行和保持稳定的基本原理,在给模型做飞行试验时也得有足够的耐心,如果你还会使用刨子、凿子、圆口钳和锉刀之类的简单工具自然就更好了。在分离和组装各个部件时保持精准也是极其重要的。你要记住，哪怕只是稍稍偏离了制定好的标准，即使每个偏差本身都不怎么要紧，但合起来就会造成严重的误差，导致飞机无法飞行。要是能遵守所有的规则，成功就是板上钉钉的了。这样做出来的飞机不仅能直线飞行，经过一定调节还能转圈飞行，甚至做些花式飞行也未尝不可。"

"这些手工飞机的大小和形状如何呢？"

"这和你使用的发动机的类型有着密切关系。多年的实践表明，最适合用在飞机模型上的是'橡皮筋发动机'，最早是 1872 年由法国研究者佩诺提出的。所谓橡皮筋是具有矩形截面的橡皮线。一束这样的橡皮筋一端固定在机身上，另一端装在'发动机'的轴上，便成了一台方便又足够轻巧的发动机，不管是钢铁弹簧还是更复杂的机械（空气压缩机、蒸汽机或汽油机），放到飞机模型上都无法与之匹敌。但橡皮筋发动机具有一些独特的性质，与用在大飞机上的机械发动机截然不同，正是这些性质决定了手工飞机的大小，也部分地影响了形状。

"装有橡皮筋发动机的飞机的大小从 25 ～ 30 厘米到 150 ～ 170 厘米（这里的'大小'指的是翼展，也就是机翼一端到另一端的距离）。对于更大的飞机，橡皮筋发动机就不合适了。最方便的是中等大小的模型，也就是 50 ～ 100厘米。

"至于形状的问题，这里有个特殊情况的影响：橡皮筋发动机是长条形的，而不是像机械发动机一样只安装在一个位置。由于橡皮筋越长，其弹力就越大，因此手工飞机上有专门的发动机板来满足这个要求，比机身上通常采用的板条长度要长得多。举例来说，在正常的飞机上，其长度（纵轴）通常是翼展的 1/2 ～ 2/3，而在采用橡皮筋发动机的飞机上，机身的长度绝不能小于翼展，有时竟能达到翼展的2 ～ 3 倍。因此从整体上看，手工飞机与'成年'飞机有所区别。'成年'飞机的发动机通常位于机首，因此往往就安装在机翼附近（发动机是最重的部分，对机翼的压力最大）。而橡皮筋发动机沿飞机的整个纵轴延伸，如果飞机上没有其他重物，比如说乘员或货物，机翼就应在安装在橡皮筋中央附近的位置。因此，螺旋桨的位置也要往前许多，这又导致起落架也往前移，才能防止螺旋桨在降落时被撞坏。"

＊　＊　＊

"难道就做不出跟真飞机一模一样的飞行模型吗？"

"如果说精确地复制，也就是完全的几何相似，这自然是做不到的。原因在于，我们不可能按着大发动机的形状和尺寸去制造小发动机，也就提供不了飞行所需的功率。但要按着比例去仿照飞机的主要机构——机翼、机身、机尾，这当然是完全可行的。这样的小飞机已经造出很多很多了。它们不仅能用于体育运动和游戏，有时还能用来……拍电影，特别是电影里要表现空难的场景时[1]。"

"与第一种手工飞机相比，按着大飞机造出来的微型飞机的飞行性能总会差一点。这是因为这种飞机上供橡皮筋发动机工作的条件要糟糕得多。尽管如此，由于外形更加好看，这种飞机的制作和试验也挺有意思的。不过在各种体育竞赛中，这些飞机的成绩必须和第一种飞机的成绩分开算。在有组织的比赛中，两种飞机通常被分到两个独立的类别中。"

* * *

下面描述了一种相当简单的模型，这自然不是创下纪录的模型，但每个人都能自己制作，且费不了多大功夫。但必须清楚地掌握飞机飞行和保持稳定的条件（参见图5-1）。此外，对待工作要特别严谨，仔细揣摩我们提供的

***

[1] 在拍摄电影时，如果没有大小熟悉的众所周知的物件作参照，观众就无法判断拍摄对象的绝对大小。这一点常常被电影业利用，特别是在拍摄各种火灾、失事之类的灾难场景时，因为背景里没有活人（人的侧影不过是用硬纸板做成的）。——原注

所有图示和设计图。如果能用上一章描述过的纸模型预先

做些试验，这也能帮上很大的忙。

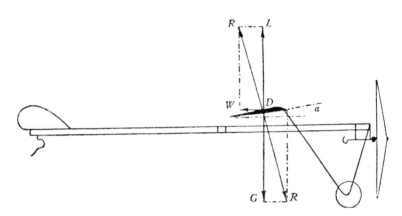

图5-1　飞机（模型）飞行时的受力示意图。机翼所受的空气
阻力R作用于点D并与机翼表面垂直；这个力可以分解为两个合
力：垂直合力DL和水平合力DW。若要保持平衡，就必须让模型
所受的重力也作用于点D，并让重力GD被支承力DL抵消。迎面
阻力DW由推进器的牵引力抵消。角a是机翼相对于运动方向的倾
角，称为"迎角"或"相遇角"。

　　单翼机和其他飞机一样，都由以下四个主要部分组成：

　　①机翼（支承面）；

　　②机身（机舱）；

　　③机尾（尾翼）；

　　④托架（起落架）。

　　此外还要指明发动机（引擎）、螺旋桨（推进器）和各

种紧固组件的构造。

以下我们对各部分进行分别研究，并描述其组装和调节方式，以及做好的飞机进行飞行试验的方法。

机翼

支承面由骨架、表面和从底下固定住机翼的弹簧组成。机翼的骨架用金属或木料制作。

金属骨架（参见图5-2）由一个外框和五根横条（翼肋）组成，用半径 0.7 ～ 0.8 毫米的金属丝制作（可以用钢丝，比如钢琴弦，或者镀锌的钢性硬铁）。把外框准确地弯好，首先焊上正中那根比其他横条都长的横条。焊接处要先用玻璃纸（或毛皮）仔细清理干净，再包上稍细的捆扎用金属丝。无酸焊接可以用合剂"季诺"或"季诺林"[1]进

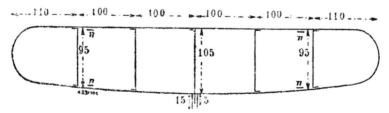

图5-2 机翼金属骨架图示。数字单位为毫米。字母n表示的短线是与机翼下方弹簧进行焊接的位置。

---

[1] 锡焊膏，锡粉、氯化铵与甘油的混合物，可用于简单的焊接。

行；在焊接处上放一小块合剂，然后在蜡烛或炉子上加热，等出现融化的锡后，便把它从火上取下，吹风令其冷却。等中间的横条弄好后，再同样准确地把剩下的横条焊上去。

木质骨架（参见图 5-3）用芦苇、劈开的竹子或松木板做成；用板条做也可以，关键是纵向的木层中不能有扭曲。外框可以用截面 4×3 毫米的板条，翼肋用 4×1 毫米的板条。在外框上找出需要的位置，做几道浅浅的切口，把横条粘进去；连接处可以用粗线打成十字结，这些粗线要么从头到尾都涂一层胶粘住，要么预先用烧红的钢针在连接处中心准确地戳个小孔，再把粗线穿进去。外框的两侧与前端和后端靠切口粘在一起，切口从两端算起的深度各为 1 毫米，而且这里要有特别坚固的捆绑物——就和翼肋上的情况一样。

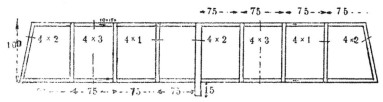

图5-3 机翼木质骨架图示。格子里的数字是旁边对应的板条的横截面大小。所有尺寸的单位都是毫米。外框板条上的水平线（倒数第二个格子里）是固定机翼下方弹簧的位置。

机翼下方的两侧都要安装弹簧。为此得找点金属丝，跟机翼外框的粗细相同或稍粗一点。按照设计图（图5-4）进行弯曲后，再把两根弹簧焊到金属骨架上；如果是木质骨架的话，就按照图5-4的示意固定在外框上（在图5-2和图5-3中，这两个位置用横线标记，从机翼末端数起的第二个格子中）。

制作机翼骨架时要非常细心，准确按照各种尺寸来做，才能避免不对称或扭曲（机翼必须完全平滑才行）。为了方便起见，不妨先在某个平面上（比如说未上色的平滑桌面或光滑的板子）做出实物尺寸的图纸，然后直接按着图纸装配骨架；可以在光滑的纸张或硬纸板上制图，然后把它粘贴或牢牢地固定在某个平面上。金属弹簧的尺寸也是极其重要的。

完工的金属骨架还要粘上一层羊皮纸，羊皮纸裁剪时应留出一些折边的空间。折边的宽度可以是2～3毫米。在外框的圆边上，折边每隔6～10毫米就要横着剪一道切

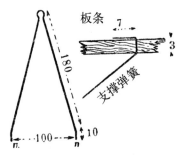

图5-4　机翼下方的弹簧，其末端在木质骨架上的固定方式。

口。粘羊皮纸可以用水胶或木工用胶——最好是前一种，因为水胶干得更快。粘好的机翼就可以压一压了。

在粘木质骨架时，最好是先用图钉固定住一片机翼的封面，然后再粘另一片，先粘中间再粘两边；等粘贴完成后，取下图钉并按相同的方式粘第一片机翼。这里留出的折边应该比金属骨架上的宽 3 ～ 4 毫米；在这两种骨架中，最好都先把折边留宽一点，等粘贴前再剪掉多余的部分。木质骨架最好是从下方粘；等封面粘好后，要把机翼固定在机身上时，再把弹簧安装上去，这样就再方便不过了。

机身

整个机身用木料制作——自然是跟机翼一样的干燥木料了。机身由发动机板、两块脊片和上脊板组成（参见图 5-5）。

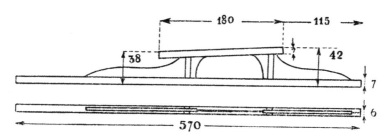

图5-5　木质机身：上图为侧视图，下图为俯视图。数字表示大小，单位为毫米（垂直的比例尺比水平的大）。机头在右，机尾在左。

发动机板用松木或云杉木制成，长 57 厘米；其截面呈长方形，面积 7×6 毫米。其上方的倒棱中央开一条小槽，宽 1.5 毫米，深 3 毫米（槽开在离机尾 17 厘米的位置）。

前后两块脊片的作用是增加发动机板的强度，相当于大飞机上用来固定两片机翼的翼间支架。脊片用厚 1.5 ～ 2 毫米的胶合板制成，最好是三层的胶合板，然后嵌入两片发动机板上的小槽，用胶固定住。为了获得更高的结构强度，两块脊片的两侧均应有垂直的细板从下方支撑，细板粘在脊片上，且同样用胶合板制成（图 5-5）。

上脊板的作用是把机翼直接固定在上面，长 18 厘米，截面大小与发动机板相同（7×6 毫米）。上脊板的下倒棱有一条小槽，借此与两块脊片粘在一起。脊板前端应比后端高 4 毫米（相对于发动机板的轴线）。这可以让机翼获得一定的迎角。

机尾

尾翼由水平安定面和垂直安定面组成；尾翼下方是拐钉。

　　水平安定面呈心形或半圆形，垂直安定面则是弓形或半心形。这里用的木料可以是芦苇、竹片或柳条（从篮子上取用）。但这些部分还是用金属丝制作最方便，如制作机翼时所示。焊接处用字母 c 表示。比较简单的形状就无须焊接，直接用涂了胶的细线包裹和捆扎好金属丝的末端就行了。

　　封面用纸制作，如制作机翼时所示，必须确保两部分都光滑平整（不能有折痕）。

　　拐钉用金属丝弯成圆齿形，材料用钢丝或钢质金属丝，直径约 1.5 毫米，长度 80 ～ 90 毫米（参见图 5-6）。拐钉可以把尾翼支撑在地上，同时也有连接橡皮筋发动机的作用（详见组装说明）。

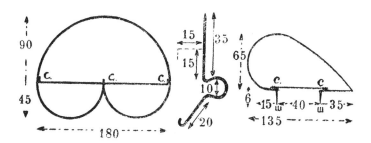

图5-6　水平安定面、拐钉和垂直安定面。数字表示大小，单位为毫米。数字cc表示焊接或其他连接方式的位置。

托架

托架由两个脚架（前脚架和后脚架）、轮轴和轮子组成。

脚架用粗 1 毫米的金属丝按照图示弯曲而成（图 5-7，小图 1）。只不过在弯曲脚架的两端时，每个脚架都只能先弯一边，另一边等组装时再弯。

轮轴用同样的金属丝做成，要预先准备好；全长 150 毫米。

木头轮子可以是打磨成的，也可以是用胶合板仔细锯

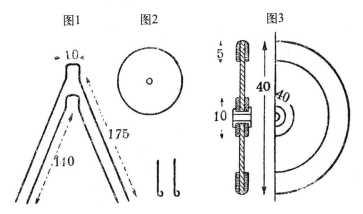

图5-7　飞机的托架（起落架）。小图1：两条金属丝脚架（右下为末端的钩子，与轮轴连接）。小图2：打磨好的木头轮子（也可用形状大小合适的纽扣），直径30~40毫米。小图3：用胶合板做成的轮子。

好再粘成的（参见图 5-7，小图 2、小图 3 ）。为了同轮轴连接，最好是在轮子里插两根细管子。

发动机

　　为了将发动机与机身连接，应在机头处固定一块金属包边，这块包边同时也对推进器轴起到轴承的作用。

　　橡皮筋发动机是一束橡皮筋或细橡皮带，截面大小约为：1×1 毫米，1×1.5 毫米，1.5×1.5 毫米，1×2 毫米。根据其粗细取 6～15 条橡皮筋，使整束橡皮筋的总截面面积为24～30平方毫米（来回缠绕一圈算作同一条橡皮筋）。两根支柱相距40～44厘米，橡皮筋松松地缠绕在二者之间[①]。这样做成的橡皮筋会形成一个环，还需在某个位置上打一个垂直于橡皮筋延伸方向的结，把它们牢牢系好。

　　这种橡皮筋发动机重 8～11 克，安装在发动机板的下方：其一端支撑为尾翼的拐钉，另一端支撑为推进器轴末端的钩子。推进器轴本身则在发动机板机头部分安装的包边里旋转。

---

① 　推进器轴的长度和拐钉的位置不同，发动机的长度也随之改变。——原注

机头的包边用厚0.5～0.8毫米的铁皮或马口铁制成；其展开图及各部分尺寸如图5-8所示。用锥子或钻孔机在包边侧壁的底下打两个小孔，让金属丝做成的轴能从中穿过。小孔必须光滑没有毛边，大小必须严格按照轴心的粗细来确定（留出的空隙尽可能小）。特别重要的是，两个小孔都必须位于包边笔直的、水平的倒棱上。为了增加强度，按要求做成的包边得做一下焊补；也可以在里面塞一块弯曲程度刚好的木垫板。

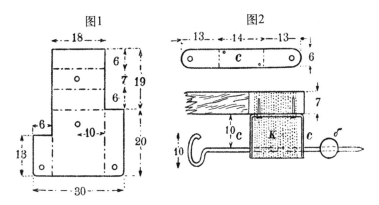

图5-8 小图1：发动机板的头部包边的展开图（单位为毫米）。小图2：另一种类型的头部包边：顶上—展开图，底下—组合完的样子（K—木垫板，外面缠上涂了胶的细绳）。

另一种形状的轴承如图5-8的小图2和图5-16所示。

推进器轴用长80～100毫米、直径1.5毫米的钢丝制成；其一端磨尖，另一端弯成钩形（参见图5-9的 в—в）。

图5-9 发动机板的头部包边（展开图参见图5-8小图1）：в—в—发动机轴，б—珠子，e—插入前脚架的开孔。

令钩子弯曲的末端的圆心落在轴心的延长线上；这是为了让推进器轴与橡皮筋发动机轴对接，否则在橡皮筋旋转时，推进器便会乱动。为了减少推进器与包边之间的摩擦，推进器轴上必须套一枚坚硬的珠子（б）——可以是金属的、玻璃的、石头的或珍珠母的。珠子与推进器之间再隔一个垫圈、方形铁片或中间开孔的铜块。

推进器

在制作飞机组件的工作中，最重要、最困难的一个部分便是推进器了。我们不打算从理论或计算上探讨什么样的螺旋桨最适合什么样的飞机；这个问题就连现代科学也没有完全弄清楚，这里根本没有篇幅去涉及。因此，我们只描述以下问题：如何为我们的模型制作木质推进器，也就是实践中最好用的推进器（但这也不排除在运气好的时候，靠着艰苦不懈的试验，还能做出牵引力更强的推进器）。

首先我们得简单谈谈推进器的问题，才能理解接下来要说的内容。

推进器分为轮毂（中央部分）和桨叶两部分。一片桨叶的末端到与之相对的另一片桨叶的末端的距离叫作推进器的直径。螺旋桨的另一个特征是螺距：这是指在理想的环境下，螺旋桨完整旋转一圈后，桨叶上的任意一点相对于轴的移动距离[①]。螺旋桨分为两面：工作面或内面，也就是朝后旋转并聚集和驱动空气的面；朝外面或外面，是将空气切开的面。桨叶的工作面通常是平的或稍有弯曲，朝外面则是凸起的。螺旋桨桨叶的横截面和飞机的机翼一样，可以称作弧面。螺旋桨桨叶在每个横截面上都有各自的迎角——连接弧两端的弦与螺旋桨旋转面之间的交角（参见图 5-10）。

螺旋桨工作时产生的力量叫作它的牵引力。这个牵引力可以用弹簧秤来测量，将做好的模型的尾部挂在弹簧秤上，令推进器全力开动。粗略来说，牵引力约等于飞机自重的四分之一。飞行所需的这个牵引力可以由直径不同、

---

① 推进器的螺距相当于普通螺纹的螺距，例如在铁质螺钉上，螺距是按两条相邻螺线的距离来算的。——原注

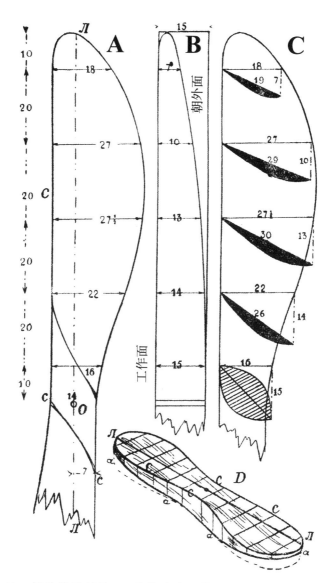

图5-10 推进器的制作。A是桨叶的工作面，B是侧视图，C是通过推进器OL轴线的纵截面（以上图都与实物大小相同）。D是推进器的模子。

螺距各异的推进器来提供。不同的直径和螺距都对应着不同的转速。螺距大的螺旋桨（比直径长 1 ～ 2 倍）就是重螺旋桨；其转速相对较慢。螺距小的螺旋桨（比直径长 0.5 ～ 1 倍）是轻螺旋桨，且由于螺距较小，它会旋转得更快。根据飞机模型的速度、重量和形状，为每个模型挑选效率最高的螺旋桨——这便是设计师的任务。解决这个任务的最好办法则是试验。

我们用厚 0.625 ～ 0.75 寸的干木板给飞机做推进器，这块木板自然不能有节、疤或其他的缺陷。木料可以用赤杨木或椴木，这两种木材都很好加工。用刨子把木板磨平，在板子的一面上画一条中轴线 OL，并按照图 5-10 的小图 A 所示描出推进器的轮廓。按照这个轮廓精准地把螺旋桨锯出来，或用小刀和凿子凿出来，最好是留出一点多余的部分；加工好的沿条必须垂直于水平的板子。在做出来的木头模子上，用钻孔器或烧红的缝衣针在规定的位置上准确地打出小孔，让轴 O 可以从中穿过，特别重要的是，小孔的方向必须完全垂直于板子。

然后把模子放在桌子上，令螺旋桨在桌面上向右（顺时针）旋转时，空气会被桨叶的曲边切开；这样的螺旋桨（朝右转）的工作面向上，朝外面向下。在工作面上描出轮

毂的轮廓，并准确地画五条垂直于中轴线 OL 的截线，到
中心点 O 的距离分别为 10 毫米、30 毫米、50 毫米、70 毫
米和 90 毫米；然后从截线的末端出发，用木工角尺在模
子的沿条上朝下描出几条垂直于木板表面的直线。按照图
5-10 的小图 B，在这些直线上做出刻痕，再按照刻出的点
在每片桨叶的沿条上画出实线，这些实线会把模子需要去
掉的部分（图 5-10 的小图 D 中的 aa）同朝外面给分开来。

　　沿着这些边界线，用小刀或凿子把两片桨叶上多余的
木头都磨掉。

　　然后就剩下最精细的部分了。

　　在螺旋桨模子的工作面上，有两条平行的直边 Лcc，叫
作降边，当螺旋桨旋转时，空气便是沿着这两条边从螺旋桨
上流出来的；直到工作结束之前，都不要去处理这两条边
（在锯模子之前就在板子上标出来了；参见图 5-10 的小图 A
和小图 D）。

　　这两条直线降边位于两片桨叶的最末端，必须用铅笔
沿着边缘条画线，把降边与朝外面的曲线攻边连接起来，
而攻边又应与降边形成对角线（图 5-11）；再加上线 Лaa，
两片桨叶的轮廓便完全画好了；推进器最后的加工任务则
是把边边角角的多余木头从模子的两面上去掉。

图5-11　完成的推进器，工作面朝上平放：Лаа—迎边（攻边）；Лсс—降边。加粗的虚线表示朝外面上切好的模子轮廓，较细的虚线表示工作面上切好的模子轮廓。

　　桨叶的工作面可以稍稍凹下去，接近平面，朝外面则稍稍凸起。为此必须特别小心地慢慢处理，先用小刀和凿子按着沿条的边缘修整。桨叶最凸出的地方必须是在曲线攻边的附近（全长约三分之一处）。为了让工作尽可能精确，最好先按着图5-10所示的五个横截面做出模子，再按照模子去操作（图上还标出了桨叶在各个截面上的宽度）。等桨叶的厚度接近所需的厚度时，最好改用玻璃、粗锉刀和砂纸来修整（参见图5-12）。

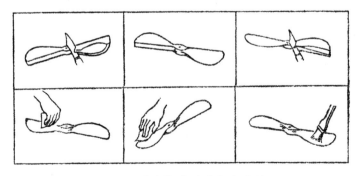

图5-12　制作推进器的各个阶段。

最后，螺旋桨必须调
整平衡，确保两片桨叶一
模一样（参见图5-13）；
进入旋转状态的推进器，
不管是停在什么位置，都
必须停得稳稳的，不能有

图5-13　推进器的平衡测试。插着
推进器的轴必须处于水平位置。

往回转的倾向。表面清理光滑的推进器还得上一层漆，或
者抛光也不错。最终成型的螺旋桨还得再调整一次平衡。

　　上文描述的这种木头螺旋桨不仅很轻盈，性能也相当不
错。制作螺旋桨所需的材料到处都能找到。但它们也有个缺
点，那就是容易损坏。要想部分地解决这个问题，可以将木
质螺旋桨做成组合式的：由分开的桨叶和单独的轮毂组成。
这样一来，万一螺旋桨坏掉了，要替换坏掉的那片桨叶（两
片都坏的情况很少见）也就容易得多了，用不着把轮毂拆下
来。桨叶应按照上述的模板制作，并在圆柱形的轮毂上凿出
两条槽用来插桨叶。这里当然也是需要调整平衡的。

　　为了避免损坏，使用金属螺旋桨也是很有好处的。但
为此就必须搞块普通的铝片或杜拉铝片①，这样的铝片市面
上难得一见，运气好才能找到一两片（铝片的理想厚度为

①　一种强度较高的铝合金，含有少量铜、镁和锰。

0.5 毫米左右）。铝制推进器可以用整张铝片直接弯成，先在纸上描出图样并剪下来，再按着图样弯曲折叠便可。每个桨叶都必须按照前述的木质螺旋桨模子弯折制作。杜拉铝很难弯曲，因此用它来制作螺旋桨也就复杂得多了。

金属螺旋桨有一个毋庸置疑的优势，那就是坚固；铝制螺旋桨容易弯曲，但也很容易快速恢复原形——只需徒手掰一掰就解决了。

紧固件

前面已经描述过机头的包边（图 5-9）；除此之外，这类部件中还包括机翼和水平安定面的紧固件。飞机的其他部分不用专门的连接部件也能组装起来。

为了把机翼固定在需要的位置上，要用上一个薄铁皮做成的挤压件；挤压件套在脊板上，包边从两侧和底下扣住板条。这个部件的展开图和立体视图可参见图 5-14。机翼的前端插入挤压件里；还可以用金属丝的小箍（x）和小钉子（r）把挤压件更牢固地固定在原位。要固定机翼的后端，可以把订书钉或铜头的小图钉（c）装在中央翼肋的尾轮叉里，尖头插进机身的上板条。

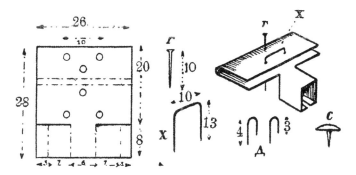

图5-14 将机翼固定在机身上的挤压件和细小的紧固件：r—钉子，x—小箍，∂∂—钩环，c—图钉。

机翼下方的弹簧固定起来很简单，只要找个小螺丝钉或铜头图钉就行了，固定在发动机板底下的倒棱上，大约是机翼中央的位置。

水平稳定面的固定靠的是两个金属丝做成的 U 形钉，从前后两端扣住金属丝的骨架，尖头钉进发动机板条中（图 5-14 中的钩环 ∂∂ ）。

组装飞机

组装按照以下顺序进行。

1. 固定发动机的轴承。

在发动机板的前端套上机头包边，长边朝下，短边朝上。包边必须稳稳地固定在板条上，绝不能有半点摇晃。

因此必须仔细调整包边的盒形部分，令其与板条的大小相合。这里有一点特别重要，那就是要消除错位和偏斜，令包边侧面小孔的中心连成的直线与发动机板的中轴平行。等包边最终安装好后，在距离前端面 10 毫米的位置，用钻孔器透过包边和板条打穿一个水平位置的洞（这个洞当然也要穿过侧棱，参见图 5-9）。

2.把机尾固定在机身上。

首先把机尾固定在拐钉的位置。把用来安装橡皮筋发动机的扣环弯好，底座也准备好（参见图 5-6），在发动机板的中轴上、距离后端面 80 毫米的地方开一个垂直的小孔，再把机尾插进去①。在距离扣环拐角处 15 毫米的位置，将拐钉的圆端向后弯曲 90 度，然后在距离上一个弯曲处约 15 毫米的地方，再往下弯曲 90 度，在发动机板的上棱预先打个小孔，把拐钉的尖端插进去。用小锤子敲打拐钉的顶端，将其牢牢固定在发动机板上，能钉到跟侧棱平齐就更好了；为了防止脱落，最好再拿个 U 形钉从顶上把这部分钉一下（参见图 5-15 右）。

---

① 为了增加发动机的长度，也可以把拐钉直接连在发动机板的末端，但这样一来，为了提高发动机板的强度，就得增加机身后脊板的长度了（加长到机尾的位置）。——原注

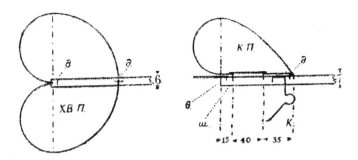

图5-15　把尾翼固定在机身上：左为水平稳定面（*хв. п.*），右为垂直稳定面（*к.п.*）和拐钉（*к*），*дд*—钩环，*ш*—垂直稳定面骨架的销子。

　　然后在水平稳定面上画一条直虚线，将轮廓前端与后端的中点连起来，再把水平稳定面粘在发动机板的顶棱尾部。此时，画出的虚线必须与发动机板的中轴处于同一直线。还是沿着这条中轴，将水平稳定面的金属丝骨架用两处金属环固定在发动机板上（参见图5-15的钩环）。

　　最后，在发动机板的顶棱，用细锥子穿过水平稳定面打两个小孔，用来安装垂直稳定面：两个小孔分别距离板条末端10毫米和50毫米。透过小孔用两个销子调整好垂直稳定面的位置，令其与水平稳定面保持严格的正交。

　　3.安装起落架。

　　在发动机板头部的小孔 e，插入起落架的前脚架，然后按图5-7所示把板条旁边的脚架弯曲。这条金属丝的最末端要弯成环形。在距离发动机板前端面130毫米处，透过侧棱打一个水平的小孔，把后脚架插进去，然后对后脚架进行相同的操作。两个脚架的环形端连在一起，再把末端套好轮子的起落架轴穿进去（图5-16）。然后套第二个轮子，轴的另一端同样要弯成环形。

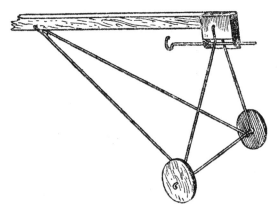

图5-16　组装好的起落架和发动机板的头部。

组装好的起落架，其轴心应与发动机板垂直，轴心的中点所在的垂直面应穿过飞机的纵轴。此外，轮子应能自由旋转，不能被脚架塞住；调整发动机板附近的脚架的弯曲度便能实现这一点。

为了让后面的组装更加方便，最好把起落架轴和轮子的安装工作放到最后；而脚架可以用成对的细绳把它们系在发动机板上方，朝着机身逐渐向后弯曲，免得它们碍事。同样还得把垂直安定面从原位上取下来。

4. 安装螺旋桨 – 发动机组。

推进器轴的一头是弯钩，用来挂橡皮筋发动机，另一头是尖的，从后面插进机头包边侧壁的小孔中（图 5–16、图 5–17）。这条轴的前面套着一个珠子（б）和一个垫圈（ш），然后把推进器从前往后穿到轴上，直到不能再穿为止。在距离轴末端约 10 毫米的位置，把轴的尖头弯出 180° 的圆齿形短钩，再把做出来的钩子压紧，才能把推进器固定在轮毂上；轮毂上要预先开一个不深的暗孔，距离螺旋桨的中心约 5 毫米（参见图 5–17）。

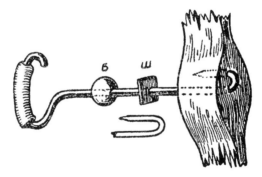

图5–17　推进器与发动机轴的连接（包着皮子或橡胶的钩子）；б—珠子；ш—垫圈。图中单独画出了轴心尖头的弯曲部分，压紧在发动机的轴承上。

这整套操作都得非常小心，免得损坏推进器或弄皱包边的侧壁。只要组件制作正确、装配精准，推进器轴便会与发动机板的水平中轴平行，螺旋桨的旋转面则与这条轴正交。套在钩子和拐钉上的橡皮筋发动机也应与发动机板平行；只要把拐钉的环部往上或往下弯，就很容易实现这一点。橡皮筋束的长度不能超过拐钉的环部与发动机轴的钩子之间的距离。为了防止橡皮筋发动机与后面脱离，最好不要把它直接穿在拐钉的钩子上，而是用阀门橡胶（自行车轮的材料）做一个专门的套环，把套环套在拐钉的钩子上，再把发动机穿上去。

不错，在这个过程中，橡皮筋发动机的长度是会稍微缩短一点。所以最好在推进器轴的钩子上套一段橡皮管，用来代替橡皮环（参见图 5-17）。

上面介绍的固定推进器的方法既简单又可靠，因此也非常方便。但万一螺旋桨坏了，这种办法就有其不便之处了：要换上新的螺旋桨，就得经常更换轴心，而在把钩子（可以是后面的，但前面的更方便）弄直和重新弄弯的过程中，轴心往往会被弄断。因此，要是能有条末端有螺纹的金属丝轴心，便能获得更大的优势：这种轴心可以靠螺帽把发动机直接安装在末端，再用点别的办法把螺旋桨固定在轴上（例如用黄铜或白铁的箍子扣住轴承，再与轴心焊接起来，或者用紧扣轴承的方形垫圈——同样是从螺旋桨的内侧焊在轴心上）。图 5-18 是其中的一种方法。用自行车的辐条来制作轴心非常方便，把螺纹部分与推进器的朝外面组合起来就行了。

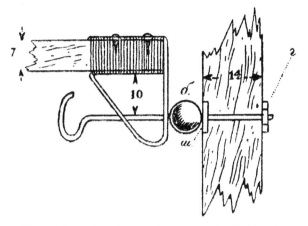

图5-18　推进器与发动机轴的连接方法：利用焊接在轴心上的四边形垫圈u和螺帽z。

5. 固定机翼。

在制作飞机时，我们很难保证所有部件都与要求的一模一样，也不能确保它们的相互位置都稳定不变，这就需要我们每次放飞前都先去寻找机翼的准确位置。这里的基本要求是：飞机的重心必须与它的受风中心（空气阻力中心）处于同一条垂线上。而根据空气动力学的研究结果，飞机的受风中心大约位于从机翼前端算起约三分之一宽度的位置（参见图 5-1）。

飞机的构造可以减轻机翼位置的调整难度，具体调整方法如下。

把做好的整架飞机（机翼除外，也就是只有完全组装好的机身、起落架、机尾、橡皮筋发动机和推进器）用细绳悬挂脊板，或立在小刀的刀尖上保持平衡，令发动机板处于完全水平的状态。这个悬挂点便定下了重心的位置，在顶板上标好。在此之后，在这个点前方30～40毫米的位置（也就是机翼约三分之一宽度的位置）固定机翼的白铁压模，令压模的圆齿扣紧紧地包住顶板。随后用图钉在顶板上固定机翼中翼肋的尾轮叉，发动机板的下棱也用图钉或螺丝钉把两个弹簧固定好。

在选择后面这个固定的位置时，必须给机翼一个两端向上弯的弧度（横 V 形）。这条弧的弦长可以是 50 毫米左右。同时必须仔细观察，前后都要顾及，确保两片机翼的横向弯曲弧度相同，且不能有歪斜，也就是说两片机翼的迎角必须相等（参见图 5-19）。这个迎角是中央翼肋沿着脊板在机翼中部弯曲形成的，到了机翼末端可以稍微减小一点，但必须保证两侧都完全对称才行（前后观测时也必须注意保持对称）。

但固定机翼还不是最后的工作：还得把飞机投入试验呢。

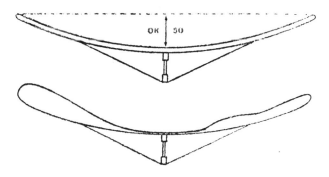

图5-19 调整机翼（后视图）：
上图为正确的调整，下图为错误的调整。

地面试验

按照前述说明组装好的小飞机，重量应当为 70 ～ 75 克；要是重量更大，就很难指望它能飞得好。

在试验开始前，必须再检查一次各部分（机翼、机尾、起落架和螺旋桨 – 发动机组）组装是否正确；每次试飞前都应该进行这样的检查，这是很有好处的。

首先必须确认螺旋桨 – 发动机组运行正常。对于机尾朝左的飞机，应用左手抓住机翼下方的机身，右手食指朝反方向旋转推进器 40 ～ 50 圈。松开推进器后，橡皮筋应准确而平稳地旋转，不能撞到发动机板或脚架，螺旋桨也应平稳旋转，且应严格保持在同一个平面上旋转。如果能遵循这一点的话，发条完全旋紧的橡皮筋发动机便能旋转150～200圈，直到橡皮筋全都紧紧缠成节子为止；此外还要把模型拿在左手上，观察橡皮筋和螺旋桨的旋转状况。

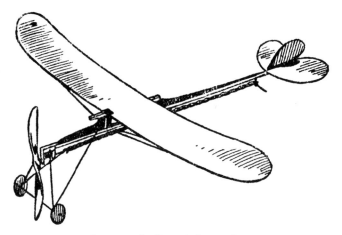

图5-20　组装好的手工飞机。

万一发现了什么问题，就得及时修复。要着重检查橡皮筋拉紧时是否会影响以下情况：①机身的强度——发动机板不能弯曲，脊片也不应变形；②机头包边不走形的能力——侧壁不能塌陷；③机尾拐钉的固定状况。发现的问题必须全部修复——对质量进行相应的完善，或相应增加所用材料的强度。

等小飞机在手中接受过试验后，就可以放它自由飞行了，但也不是直接上天，而是先试着滑行。

这可以在房间里进行，只需长 5 ～ 6 米、宽 2 ～ 3 米的自由空间即可。用发条将橡皮筋旋转 50 ～ 75 圈，手里拿着飞机放在地板上，然后放手。如果飞机能沿着直线自由奔驰，且机尾有扬起的趋势，这就说明一切正常。如果飞机走得很慢、很不情愿，时不时还偏转方向，就得设法解决这个问题，检查起落架上的轮子旋转是否顺畅，机翼和水平安定面的紧固件有没有正确调整，垂直安定面是否正确地安装在了尾翼上（考虑到螺旋桨的作用，垂直安定面安装时可以稍稍偏向纵轴的右侧）。

飞行试验

顺利滑行几次之后，就可以让飞机上天了，但首先得从地面起跑开始。

第一次试验最好在封闭房间里进行，避免风的影响；房间的长度至少为 12 ～ 15 米，宽度至少为 6 ～ 8 米。要是没有这种条件，也可以在草地、院子或广场上选一块平坦的地方，在无风的天气下进行试验。

如果试验地点没有平滑的地面供飞机起跑，最好放块垫板，或者长木板也行。第一次建议不要把发条上满，等成功起飞一次后再上满。如果调整得当，小飞机便会在7～8米的起跑后腾空而起，在5～8秒的时间内飞过20～30米的距离，直到橡皮筋完全松开为止，在那之后便平稳降落。飞行距离取决于许多因素，其中最重要的是橡皮筋的重量和质量、螺旋桨的质量、轴承中的螺旋桨轴的摩擦程度，以及各部分的制作和组装是否精确。要着重检查螺旋桨发动机的工作状况：轴必须与扭合的橡皮筋保持在同一条直线上，橡皮筋松开时必须松到最后一圈为止；轴承必须经常上油。

然而，最初几次飞行未必总能成功。最经常发生的有以下几类问题（参见图5-21）。

顺利升空的飞机突然扬起机头，随后便侧着身或盘旋着掉了下去；也可能有相反的情况：起飞后的飞机突然垂下机头，然后头朝地、尾朝天地掉了下去。这两种情况都说明机翼的调整存在问题——如果组装中不存在其他缺陷的话。前一种情况下，必须把机翼稍往后挪，从而令承风中心后移。后一种情况下则相反，要把机翼往前挪或稍稍增加其迎角，从而增加支承力。要是机翼的调整都很正常，问题就可能出在发动机上：前一种情况下是动力太足，在后一种情况下是动力不够。

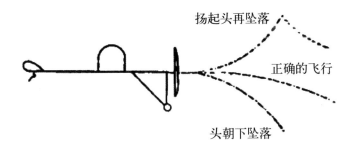

扬起头再坠落

正确的飞行

头朝下坠落

图5-21　手工飞机前几次试飞时最经常出现的情况。

此外，飞机也并不总能在水平面上沿直线飞行。它在空中会有左右倾斜的倾向，这可以靠改变机翼的迎角来消除：前一种情况下，必须稍稍增加左翼的迎角或减小右翼的迎角；后一种情况下则反之（通过调整机翼下方的弹簧来改变迎角）。这一点也可以靠改变垂直稳定面的位置来实现：前一种情况下，把垂直稳定面的后端往右转，后一种情况下向左转。

调整方面的问题也可以通过飞机滑翔降落来发现，只要把发动机不运作的飞机从头部的高度放飞，保持长轴完全水平，稍稍往前一推即可。如果飞机能平稳地滑翔，形成一道平缓的抛物线，准确降落后再滑行一段距离，这就说明调整得很对。要是飞机扬起机头或头朝下坠落的话，就得按前述的方法进行调整。

等飞机调整好了，就能直接用手拿着放飞了。为此只需首先让螺旋桨旋转，然后再放飞飞机；放飞时稍稍推一下有时也不无帮助，但抛出去是绝对不允许的。与起跑后的飞行相比，从手上起飞的飞行持续时间和距离都要更大，因为不需要做功去克服轮子与地面的摩擦了。

由于机翼有 V 形构造，飞机在空中的横向稳定性是完全没有问题的。纵向稳定性靠尾翼也能得到很好的保障。

关于发动机还有一点要注意：与用过几次的橡皮筋相比，新的橡皮筋能旋转的圈数要更少。橡皮筋发动机必须保存在干燥的地方，最好再撒上滑石粉，并时不时涂抹甘油。

各种飞行特技

如果读者还想继续对做好的飞机进行试验，我可以提供以下建议。

要让模型在空中画圈或逐渐增加高度（而不是沿着水平的抛物线飞行）都不是什么难事。这可以通过对尾翼、机翼或橡皮筋发动机作相应的调整来实现。

画圈只需让垂直安定面与发动机板的中轴形成夹角即可；还可以把垂直安定面往后挪一点。要想让模型升高，应在已做过飞行试验的模型上调整水平安定面的角度，令迎角变成负角，也就是让水平安定面的前端往上倾斜，后端往下倾斜（相对于发动机板的中轴）。此外还有一个办法：调整机翼，稍稍增加它的迎角，或在安装橡皮筋发动机和推进器轴时，令它的前端稍稍往上倾斜。在第二种情况下，你只需用手指把机尾拐钉的钩子往下压一压，并相应调整机头包边和轴承的位置就行了。

但还有个更有趣的试验，那就是在飞机上试验操纵机构（舵），保持其他机构处于通常的调整状态，令飞机服从舵的控制。如果所用的金属丝质量足够好，升降舵和转向舵就可以由前面描述过的平面的后方部分——水平安定面和垂直安定面来充当；把这两个面稍稍往上／往下或往左／往右弯曲，便能改变飞行的高度或水平面上的方向。但最好是把机尾的固定面做成半圆形（水平稳定面）和弓形（垂直稳定面），并专门制作升降舵和转向舵，靠丝带牵引它们活动。可以靠丝线或用细金属丝做成的 U 形钉把舵固定在需要的位置。

尝试增加飞行的速度和持续时间也是很有意思的试验。为此就必须提高发动机的牵引力，增加橡皮筋的数量甚至是长度。举个例子，把拐钉固定在发动机板的末端后，再往拐钉上插一个木块，令发动机的长度增加8～10厘米，重量可达15～20克；这样一来，如果发动机里有15～20根截面1×1毫米的橡皮筋，发条便能旋转200～220圈，工作时间可达12秒。在这种情况下，最好对机翼稍做调整：①减小机翼的迎角，为此必须把上方的板条往前移1～2毫米；②减小机翼的横V形结构，为此需要减少下方弹簧的压缩长度。一定要检查机身是否坚固，必要时还得增加发动机板的强度，比如说把截面增加到8×7毫米，或稍微延长并抬高后面的脊板。

但也必须指出，要是增强了橡皮筋发动机的牵引力，就得对推进器进行相应的改变，增加它的螺距，否则它的转速就不会提升。有兴趣的读者可以根据上面提供的螺旋桨数据，自行制作螺距更大的推进器模型。

等你熟悉了飞机的各种调整方法，就可以让它在空中飞行，甚至是做花样飞行了。盘旋、急转弯、侧翻乃至环式飞行——这些都是非常好看的特技动作，只要对各个机构做了应有的调整，手工飞机也能完成。这里面有个一般性的要求：飞机必须具有多余的动力，也就是说，发动机的功率必须超过正常水平飞行所需的功率。为此必须注意飞机的强度，因为当飞机在飞行中脱离正常的状态时，它会受到许多额外的压力。

　　了解了飞机飞行的所有基本问题，善于思考的研究者便不难找到并实践能让手工飞机进行高级特技飞行的必要方法。只要造出一架手工飞机并做了充分的飞行试验，要制作其他类型的手工飞机也就没什么难度了——可以去参加集体体育竞赛，去争取打破纪录。